George H. Holling

Abschätzung von Bahnfehlern in Robotersystemen

Fortschritte der Robotik
Herausgegeben von Walter Ameling

Band 1: Hermann Henrichfreise
Aktive Schwingungsdämpfung an einem elastischen Knickarmroboter

Band 2: Winfried Rehr (Hrsg.)
Automatisierung mit Industrierobotern

Band 3: Peter Rojek
Bahnführung eines Industrieroboters mit Multiprozessorsystem

Band 4: Jürgen Olomski
Bahnplanung und Bahnführung von Industrierobotern

Band 5: George H. Holling
Abschätzung von Bahnfehlern in Robotersystemen

Band 6: Nikolaus Schneider
Kantenhervorhebung und Kantenverfolgung in der industriellen Bildverarbeitung

Exposés oder Manuskripte zur Beratung erbeten unter der Adresse:
Prof. Dr.-Ing. Walter Ameling, Rogowski-Institut für Elektrotechnik der RWTH Aachen, Schinkelstr. 2, 51 Aachen oder an den Verlag Vieweg, Postfach 5829, 6200 Wiesbaden.

Fortschritte der Robotik 5

George H. Holling

Abschätzung von Bahnfehlern in Robotersystemen

Autor:

Dr.-Ing. *George H. Holling* promovierte an der RWTH Aachen und ist auf seinem Fachgebiet in den USA tätig.

Der Verlag Vieweg ist ein Unternehmen der Verlagsgruppe Bertelsmann International.

Umschlaggestaltung: Wolfgang Nieger, Wiesbaden

ISBN 978-3-528-06359-7 ISBN 978-3-322-88809-9 (eBook)
DOI 10.1007/978-3-322-88809-9

Herrn Prof. Dr.-Ing. Walter Ameling danke ich recht herzlich für die von ihm gewährte Unterstützung, für die Zusammenarbeit mit seinem Institut und für die Übernahme des Referates.

Mein Dank gilt auch Herrn Prof. Dr.-Ing. Hans Dieter Lüke für die Übernahme des Korreferates und das Interesse, das er der Arbeit entgegenbrachte.

Ich bedanke mich bei Herrn Prof. Dr.-Ing. Peter Jensch für die Unterstützung meiner Arbeit und für seine vielfache Hilfe und Anregungen, die wesentlich zum Erfolg beigetragen haben.

Mein besonderer Dank gilt Herrn Dr.-Ing. Lothar Krings für zahlreiche Diskussionen und besonders für seine aktive Mithilfe bei der Umwandlung des Konzeptes in die endgültige Druckform.

Dank schulde ich auch Herrn Prof. Dr.-Ing. O. Lange für die Anregungen, aus denen diese Arbeit hervorging, und für vielfache Diskussionen und Vorschläge zur Verbesserung des Konzeptes.

Herrn Dipl.-Ing. Klaus Kleinekorte danke ich für seine umfangreiche persönliche Unterstützung, viele Diskussionen und Anregungen und dafür, daß er mir während meiner vielen Aufenthalte in Deutschland ständig Unterkunft gewährte und mich bei ihm zuhause fühlen ließ.

Mein Dank gilt auch den vielen Mitarbeitern des Rogowski-Institutes, ohne deren Unterstützung das Gelingen dieser Arbeit nicht möglich gewesen wäre.

Am meisten jedoch bedanke ich mich bei meiner Frau Heide und meinem Sohn Michael dafür, daß sie meine Pläne zur Promotion stets voll unterstützt haben und die oft monatelange Trennung während meiner Aufenthalte in Deutschland ohne Widerspruch erduldeten.

George H. Holling

Inhaltsverzeichnis

1 Einführung in die Problemstellung und Überblick

In diesem Kapitel soll ein Überblick über die Aufgabenstellung vermittelt werden. Dabei wird die Problemstellung dieser Arbeit in den Rahmen der Robotik eingeordnet: die Abschätzung von Fehlern beim Ablauf von Bewegungsvorgängen eines Roboters. Ferner wird eine Einführung in die Vorgehensweise bei der Lösung der gestellten Aufgabe gegeben.

1.1 Die Aufgabenstellung

In der vorliegenden Arbeit sollen Verfahren zur Fehlerbestimmung in Robotersystemen untersucht werden. Der Roboter wird zu diesem Zweck als System einzelner bekannter Komponenten angesehen. Steuerungsalgorithmen werden ebenfalls als Komponenten verstanden.

Als Fehlermaß dient der Betrag der maximalen Abweichung der Bewegung des Roboters von einem vorgegebenen idealen Bewegungsverlauf. Alternativ wird als Fehlermaß auch die Verschlechterung eines Gütekriteriums (Zielfunktion) eines vorgegebenen, optimalen Bewegungsablaufes des Roboters verwendet, welche sich aufgrund von Fehlerquellen des Systems ergibt. In beiden Fällen wird der aktuelle Verlauf der Bewegung mit einem idealen erwünschten und realisierbaren Bewegungsablauf verglichen.

Die Beschränkung auf realisierbare Bewegungsvorgänge ist deshalb erforderlich, weil andernfalls physikalische Randbedingungen für den Bewegungsablauf in diesem Vergleich als Fehler erfaßt würden (z.B. verbotene Räume für die Bewegungsbahn: Hindernisse). Der Einfluß dieser Randbedingungen spielt zwar bei der Auslegung des Roboters eine entscheidende Rolle, sie sind jedoch bei vorgegebener Systemstruktur als mathematische Nebenbedingungen zu verstehen, während Fehler im Sinne dieser Arbeit als variabel und bei vorgegebener Struktur als beeinflußbare Systemgrößen angesehen werden.

Alle Systemkomponenten des Roboters werden zur Fehleranalyse als Fehlerübertragungsfunktionen beschrieben. Es soll dabei nicht einschränkend angenommen werden, daß diese Funktionen linear sind. Vielmehr sollen ganz allgemein Verfahren bezüglich ihrer Eignung zur Fehlerabschätzung in solchen Robotersystemen untersucht werden, die durch beliebige Übergangsblöcke beschrieben werden können.

Es ist die Zielsetzung der Fehleranalyse, für ein beliebiges Robotersystem Fehlerschranken für das gesamte Systemverhalten abschätzen zu können, die sich aufgrund der Einflüsse verschiedener Fehlerquellen und fehlerbehafteter Komponenten ergeben. Anhand dieser Ergebnisse kann dann die Auswahl der Komponenten und der Bewegungsverlauf des Roboters derart optimiert werden, daß eine vorgegebene Fehlerschranke nicht überschritten wird.

Die Fehleranalyse des gesamten Robotersystems ist somit eine unabdingbare Voraussetzung für die Optimierung einzelner Teilsysteme eines Roboters und für die Planung des Gesamtsystems.

Das Ziel dieser Arbeit ist, eine Methodik zu entwickeln, welche es erlaubt, realistische Fehlerschranken für das Systemverhalten des Roboters anzugeben. Diese Fehlerschranken sind dabei Funktionen aller Fehler einzelner Komponenten und Teilsysteme. Ein solches Verfahren ist eine wichtige und unabdingbare Voraussetzung für die oben erläuterte optimale Integration und Auswahl der Komponenten des Roboters.

Die Ergebnisse dieser Arbeit erlauben ferner bei bekanntem Fehler der Komponenten und Teilsysteme des Roboters die realistische Abschätzung des gesamten Bewegungsfehlers.

1.2 Einführung in die Problemstellung

Sind alle Komponenten, Fehlerquellen und Betriebspunkte des Systems vollständig bekannt, dann kann der Systemfehler theoretisch exakt bestimmt und die Fehlerschranke bei bekanntem Fehler einfach ermittelt werden.

In der Praxis ist die direkte Bestimmung dieser Fehlerschranken in der Regel jedoch nicht möglich, da die Komponenten und Betriebszustände des Roboters meist nicht vollständig bekannt sind oder die mathematische und numerische Auswertung dieser Fehlerwerte mit den zur Verfügung stehenden Hilfsmitteln bei der Projektierung nicht durchführbar ist. Die Bestimmung von Fehlerschranken in Robotersystemen kann daher praktisch nur anhand von geeigneten Abschätzungen für bestimmte Klassen von Betriebsfällen erfolgen.

Generell lassen sich bei der Abschätzung von Betragsfunktionen und somit der Abschätzung von Fehlerschranken drei methodische Ansätze finden:

- Deterministische Lösungen

  Hier wird anhand vorgegebener funktionaler Zusammenhänge eine obere Betragsschranke der Lösung ermittelt, die für eine vorgegebene Eingangsfunktion oder für eine vorgegebene Klasse von Eingangsfunktionen gültig ist [MOOR66]. Die mittels dieser Verfahren ermittelten Betragsschranken sind in dem untersuchten Anwendungsbereich exakte obere Schranken der Lösungsfunktion. Es ist jedoch anzumerken, daß die deterministischen Lösungen oftmals nur von geringem Wert sind, da diese Lösungen keine praktische oder mathematisch sinnvolle Einschränkung des Betragswertes des Fehlers ermöglichen. Man erhält zum Beispiel die nicht sinnvollen Aussagen :

  $-a \leq |\text{Fehler}|$ oder $|\text{Fehler}| \leq \infty$.

- Statistische Lösungen

  Hierbei werden die funktionalen Zusammenhänge und die Systemgrößen als stochastische Prozesse angesehen und behandelt, z.B. Rundungsfehler werden durch stochastische, oftmals gleichverteilte, Störgrößen beschrieben. Die Fehlerschranken für diese Lösungen können oftmals nicht mit absoluter Sicherheit, sondern nur mit einer vorgegebenen Wahrscheinlichkeit ermittelt werden. Robotersysteme erfüllen in der Regel bestimmte mathematische Voraussetzungen, welche die Approximation der resultierenden Fehlerprozesse durch normalverteilte Prozesse erlauben. Die Fehlerschranken und die zugeordneten Vertrauensintervalle können dann mit den bekannten statistischen Verfahren für normalverteilte Größen bestimmt werden [SLOD63].

- Modellsimulationen

  Bei diesem Verfahren werden Muster von bekannten Betriebsfällen modelliert. Anhand der Ergebnisse der vergleichenden Simulation des idealen, fehlerfreien Systems und des realen, fehlerbehafteten Systemmodells können dann für die untersuchten Betriebsfälle die Fehlerfunktionen und ihre Betragsschranken numerisch ermittelt werden. Die Simulation komplexer Systeme erfordert spezielle Kenntnis bei der Modellierung und bei der Programmierung. Die ermittelten Ergebnisse sind nur für die untersuchten Betriebsfälle gültig. Eine geringfügige Veränderung der Betriebsparameter kann zu einer erheblichen Veränderung des Fehlerverhaltens des Roboters führen. Die Lösungen können durch eine geeignete Wahl der Betriebsfälle erheblich beeinflußt und bezüglich ihrer Aussagekraft verbessert werden. Eine solche Verbesserung der Ergebnisse läßt sich oftmals durch die Simulation zufallsgesteuerter Betriebszustände erzielen [HOLL85].

Diese drei grundsätzlichen Verfahrensweisen zur Fehlerbestimmung sind nicht exklusiv, d.h. sie können in beliebigen Kombinationen miteinander - in hybriden Verfahren - angewendet werden.

Alle drei Verfahren setzen voraus, daß ein Modell des Roboters bekannt ist und mit hinreichender Genauigkeit beschrieben werden kann. Dieses Modell ist eine beschreibende Darstellung einer physikalischen Einheit und wird in der Regel die zugeordneten physikalischen Zusammenhänge nur näherungsweise erfassen. Die Modellbildung ist daher selbst wiederum eine Fehlerquelle, welche bei der Fehlerberechnung berücksichtigt werden muß. Die Ausführungen im Rahmen dieser Arbeit setzen voraus, daß eine fehlerfreie Modellierung des Roboters vorgenommen wird. Die Ergebnisse der Arbeit ermöglichen jedoch auch die Abschätzung des Einflusses der Modellfehler auf den Gesamtfehler des Systems.

Zusätzlich zu der Forderung, daß alle Systemkomponenten des Roboters hinreichend genau bekannt und beschreibbar sind, wird ferner gefordert, daß die folgenden Voraussetzungen erfüllt sind:

- Alle Bewegungsabläufe des Roboters sind zeitlich begrenzt. Dabei können Bewegungsabläufe in dem untersuchten Zeitintervall als Summe von Teilbewegungen verstanden werden. Der am Ende einer Teilbewegung ermittelte Fehler ist dabei der Anfangswert des Fehlers der folgenden Teilbewegung.
- Zusätzlich zu der zeitlichen Begrenzung des Bewegungsvorganges ist der örtliche Bewegungsraum des Roboters bekannt und begrenzt. Jeder Teilbewegung kann ein erlaubter Bewegungsraum zugeordnet werden, welcher ein Teilraum des gesamten erlaubten Bewegungsraumes ist.

Daraus ergibt sich, daß der Gesamtfehler sowohl räumlich als auch zeitlich iterativ bestimmt werden kann.

Anhand dieser Voraussetzungen ist es möglich, zu einem beliebigen Zeitpunkt und einem beliebigen Ort des Bewegungsablaufes Fehlerschranken zu bestimmen. Diese individuellen Schranken können durchaus von der Fehlerschranke des gesamten Bewegungsablaufes verschieden sein.

Die Aufspaltung des Bewegungsablaufes und die Bestimmung räumlich und zeitlich lokaler Fehlerschranken ermöglicht die Optimierung des Roboters, wenn entsprechende Nebenbedingungen oder veränderliche Fehlerschranken einzuhalten sind.

Die Ausführungen dieser Arbeit zielen auf die Optimierung des gesamten Systemverhaltens ab. Die Optimierung einzelner Komponenten, wie z.B. der Arithmetik [KULI81], kann dabei mit berücksichtigt werden, sie stellt aber nicht die primäre Zielsetzung dieser Arbeit dar.

Im Rahmen dieser Arbeit (Kapitel 2) wird zunächst ein Formalismus zur Analyse von Fehlern und deren Fortschreiten in Robotersystemen vorgestellt. Dieser Formalismus ermöglicht in speziellen Fällen die direkte numerische Berechnung des Systemfehlers. Meistens dient diese formale Fehlerbeschreibung jedoch nur als Ausgangsbasis für die weitere Fehlerbehandlung [SHAN82].

Im weiteren Verlauf der Arbeit werden diese oben beschriebenen drei grundsätzlichen Verfahren zur Fehlerschrankenbestimmung diskutiert und miteinander verglichen (Kapitel 3 und 4). Beim Vergleich dieser Verfahren zeigt sich, daß ein im Rahmen dieser Arbeit entwickeltes statistisches Verfahren zur Fehlerschrankenbestimmung die beste Fehlerschrankenabschätzung für den allgemeinen Betriebsfall ermöglicht. Zudem weisen die mittels dieses Verfahrens bestimmten Fehlerschranken in den untersuchten Beispielen eine gute Korrelation mit den tatsächlichen Fehlerwerten auf.

Abschließend wird in Kapitel 5 mittels dieses statistischen Verfahrens der Bewegungsfehler eines kameragesteuerten Roboters untersucht. Anhand der statistischen Abschätzung des Systemfehlers werden dann optimale Stützpunkte zur Berechnung des Bewegungsverlaufes bestimmt. Diese Berechnungen können im Echtzeitbetrieb während des Bewegungsvorganges des Roboters durchgeführt werden.

Für den untersuchten kameragesteuerten Roboter zeigt sich, daß die diskutierten deterministischen Verfahren zur Fehlerabschätzung die Berechnung solcher optimaler Stützpunkte nicht erlauben und somit den statistischen Verfahren in diesem Anwendungsbeispiel deutlich unterlegen sind.

1.3 Überblick der Vorgehensweise

Das reale physikalische Robotersystem wird zur weiteren Behandlung als Modell der mathematischen Zusammenhänge zwischen vektoriellen Eingangsgrößen und Ausgangsgrößen dargestellt. Dabei kann nur eine begrenzte Menge aller physikalischer Einflüsse und der zugeordneten funktionalen Zusammenhänge im Modell erfaßt werden, d.h. der Prozeß der Modellierung des physikalischen Systems ist nicht eindeutig umkehrbar und kann nur durch Äquivalenzklassenbeziehungen beschrieben werden.

Zunächst wird in Kapitel 2 die Äquivalenz verschiedener Systemmodelle untersucht. Dabei zeigt sich, daß die mathematischen Zusammenhänge zwischen Eingangsgrößen und Ausgangsgrößen in vielen Fällen durch Funktionen nullter oder erster Ordnung mit hinreichender Genauigkeit approximiert werden können [WU85]. Sind in einem solchen linearen Systemmodell zudem alle Ausgangsgrößen nur von jeweils einer einzelnen zugeordneten Eingangsgröße abhängig, dann wird ein solches System als lineares, unabhängiges System bezeichnet.

Das Fehlerverhalten und die Fehlerverkettung in Robotersystemen lassen sich unter Zuhilfenahme von Fehlerübertragungsblöcken beschreiben. Fehlerübertragungsblöcke beschreiben die funktionalen Zusammenhänge zwischen vektoriellen Eingangsgrößen und Eingangsfehlergrößen und den zugeordneten vektoriellen Ausgangsgrößen und Ausgangsfehlergrößen. Die resultierenden Ausgangsfehlergrößen lassen sich mit den bekannten Hilfsmitteln der Systemtheorie einfach bestimmen, wenn alle Fehlerübertragungsblöcke des Systems als lineare, kausale unabhängige Systeme dargestellt werden können.

Bei der Untersuchung der Fehlerverkettung in Robotern ist die Approximation des Fehlermodells als lineares Modell meistens unzureichend genau, da die Fehlervektoren in der Regel multiplikativ mit den idealen Eingangsgrößen verknüpft sind. Es müssen daher in der Praxis andere Verfahren zur Berechnung der Systemfehlerschranken benutzt werden, als zur Bestimmung von Systemgrößen in linearen Systemen.

Im weiteren Verlauf der Arbeit werden in Kapitel 3 verschiedene Verfahren zur Berechnung von Betragsschranken untersucht. Eine Möglichkeit ist die direkte Abschätzung des maximalen deterministischen Betragswertes aller Komponenten der Ausgangsgrößen [SALA86]. Funktionale Zusammenhänge von Systemgrößen aufgrund unbekannter Eingangsgrößen können dabei entweder numerisch berechnet oder genügend genau abgeschätzt werden.

Es zeigt sich beim Untersuchen der deterministischen Verfahren in geschlossenen Systemkreisen, daß die resultierenden Ergebnisse keine sinnvolle Berechnung von Schranken zulassen, d.h. es kann entweder festgestellt werden, daß die gesuchten Beträge größer als eine untere Schranke oder aber kleiner ∞ sein müssen: beide Aussagen stellen keine sinnvollen Einschränkungen des Wertebereiches dar. In den in dieser Arbeit untersuchten Anwendungsfällen ergibt sich nur eine unzureichende Korrelation zwischen den berechneten Schranken und den tatsächlich ermittelten Betragswerten.

Ein weiterer Ansatz zur Betragsabschätzung ersetzt deterministische Größen durch zugeordnete Zufallsprozesse mit geeigneten statistischen Kenngrößen. Betragsschranken können hierbei nur mit einer vorgegebenen Wahrscheinlichkeit bestimmt werden, d.h. sie stellen keine absoluten Betragsschranken dar. In dieser klassischen Form zeigt auch dieses Verfahren die oben erwähnten Probleme bei der Anwendung in Robotersystemen. Es wird daher eine Erweiterung dieses Konzeptes vorgestellt, welche nicht nur die Eingangsgrößen, sondern alle Komponenten des Roboters als geeignete stochastische Prozesse beschreibt. Es kann gezeigt werden, daß die resultierenden statistischen Betragsschranken mathematisch exakte Schranken sind, wenn die Konfidenzintervalle entsprechend bestimmt werden [MORO83].

Dieser Lösungsansatz eignet sich besonders gut für die Berechnung von Betragsschranken in geschlossenen Systemkreisen. In den in dieser Arbeit untersuchten Fällen weisen die statistischen Schranken eine sehr gute Korrelation mit den tatsächlich ermittelten Betragswerten auf.

Der Vollständigkeit halber wird anschließend noch die Betragsschrankenbestimmung mittels der Modellsimulation untersucht. Es zeigt sich, daß die Simulation in der Praxis nur beschränkt zur Bestimmung von Betragsschranken geeignet ist. Die Simulation ist jedoch ein wichtiges Hilfsmittel bei der Dimensionierung und Charakterisierung einzelner Systemkomponenten [KRIN84].

Da die in Robotersystemen auftretenden Eingangsgrößen und Ausgangsgrößen in der Regel vektorwertige Variablen sind und die Optimierung und die Berechnung der internen Algorithmen zur Steuerung des Bewegungsablaufes in Matrixform stattfinden, erfolgt in Kapitel 4 die Erweiterung der deterministischen und statistischen Betragsabschätzungen für Vektor- und Matrixoperationen.

Dazu wird das Konzept der statistischen Vektor- und Matrixnorm eingeführt. Es wird gezeigt, daß diese statistische Norm unter schwachen mathematischen Bedingungen eine exakte mathematische Norm ist und daß die statistische Norm auch unter Verletzung dieser Bedingungen im Sinne der Wahrscheinlichkeitsrechnung immer noch gültig ist.

Ferner wird gezeigt, daß die mittels der statistischen Norm ermittelten Betragsschranken unter schwachen mathematischen Bedingungen eine engere Einschränkung des Wertebereiches erlauben als solche Betragsschranken, welche sich aus den klassischen deterministischen Normen ergeben.

Abschließend wird in Kapitel 5 das entwickelte statistische Verfahren zur Analyse des Bewegungsfehlers eines Robotermodells eingesetzt. Für die Berechnung der Zielposition des Robotergreifarms soll dabei eine am Greifarm montierte Kamera als Positionssensor benutzt werden [PARK86]. Anhand dieser Fehlerabschätzung wird dann eine optimale Strategie zur Bestimmung von Bahnstützpunkten entwickelt.

Diese Stützpunkte werden derart gewählt, daß durch die erneute Positionsberechnung an diesen Punkten ein vorgegebener gesamter Fehler bei der Positionierung des Robotergreifarms nicht überschritten wird und daß der resultierende Bewegungsablauf im Hinblick auf vorgegebene Rand- und Nebenbedingungen optimiert wird.

2 Einleitende Begriffe

Zunächst sollen in diesem Abschnitt einige mathematische Grundlagen zusammengefaßt werden, die zum späteren Verständnis der Arbeit wichtig sind. Anschließend sollen in dem zweiten Teil dieses Kapitels noch wichtige Definitionen des Fehlerbegriffes und der Modellbildung erfolgen.

2.1 Mathematische Grundbegriffe und Definition der Konventionen für Formelzeichen

Zur Vertiefung in die Materie sei hier auf [BRON87], [KEND69] und [SERF80] verwiesen.

Definition der Formelzeichen

- Vektoren V und Matrizen M
- vektor- und matrixwertige Funktionen $F(*)$
- Transformationen $T\{*\}$ und Abbildungen $A\{*\}$
- skalare Betragsschranke $\underline{S} = \sup\{|x|\}$ einer skalaren Variablen x
- euklidische Norm der Matrix M

  $$\|M\|_2 = \sup_i \left(\sqrt{\sum_i m_{i,j}^2} \right)$$

- Hilbert Norm der Matrix M,

  $$\|M\|_H = \sup_i \left(\lambda_i \left(M^T \cdot M \right) \right) \quad ,$$

  wobei $\lambda_i(*)$ die Eigenwerte des Produktes $\left(M^T \cdot M \right)$ sind.

Definition des Betrages:

- Für eine Zahl $a \in \Re$ sei $|a| = \begin{cases} a & 0 \leq a \\ -a & a < 0 \end{cases}$

- Eine Zahl | a | heißt absoluter Betrag von a, wenn für alle a, b ∈ R gilt:

1. $|a| \geq 0$, $|-a| = |a|$, $a \leq |a|$
2. $|a| = 0 \iff a = 0$
3. $|a \cdot b| = |a| \cdot |b|$
4. $|a+b| \leq |a| + |b|$
5. $||a| - |b|| \leq |a-b|$

Für reelle Zahlen a_i, b_i, $i \in [1,2,...,n]$, gelten die folgenden elementaren Ungleichungen:

6. $\left|\sum_{i=1}^{n} a_i\right| \leq \sum_{i=1}^{n} |a_i|$
7. $\left(\sum_{i=1}^{n} a_i \cdot b_i\right)^2 \leq \sum_{i=1}^{n} a_i^2 \cdot \sum_{i=1}^{n} b_i^2$
8. $(1+|a|)^n \geq 1 + n \cdot |a|$, $a > -1$
9. $(1+a)^n \leq 1 + (2^n-1) \cdot a$, $0 \leq a < 1$

Definition des Normbegriffes

Eine nicht negative reelle Zahl a ist eine Norm $a = ||X||$ des Vektors X, wenn gilt:

1. $||X|| \geq 0$ für $X \neq 0$ $||X|| = 0$ für $X = 0$
2. $||b \cdot X|| = |b| \cdot ||X||$ für $b \in$ reell
3. $||X + Y|| \leq ||X|| + ||Y||$
4. $|||X|| - ||Y||| \leq ||X - Y||$

Stochastische Größen:

Eine stochastische Größe x ist die Realisierung eines stochastischen Prozesses S. Dabei besitzt x eine Verteilungsdichtefunktion p(x) und die Verteilungsfunktion $P(x \le a)$ mit

$$P(x \le a) = \int_{-\infty}^{a} p(x) \cdot dx \qquad \text{und} \qquad \lim_{a \to \infty} P(x \le a) = \int_{-\infty}^{\infty} p(x) \cdot dx = 1.$$

Die Verteilungsdichtefunktion besitzt die Momente erster und höherer Ordnung i=1, 2, ...

$$m_i(x) = E(x^i) = \int_{-\infty}^{\infty} x^i \cdot p(x) \cdot dx$$

und die Zentralmomente zweiter und höherer Ordnung

$$z_i(x) = \int_{-\infty}^{\infty} (x - E(x))^i \cdot p(x) \cdot dx$$

wobei das erste Moment auch als Mittelwert oder Erwartungswert

$$\mu(x) = m_1(x) = E(x)$$

und das zweite Zentralmoment auch als Varianz

$$\mathrm{var}(x) = \sigma^2(x) = E(x^2) - E^2(x) = z_2(x)$$

bezeichnet wird.

Für die Summe y zweier Zufallsvariablen x_1 und x_2 mit den Mittelwerten $\mu(x_1)$, $\mu(x_2)$ und den Varianzen $\sigma(x_1)$, $\sigma(x_2)$ erhält man den Mittelwert

$$\mu(y) = \mu(x_1+x_2) = \mu(x_1) + \mu(x_2)$$

und die Varianz

$$\sigma^2(y) = \sigma^2(x_1+x_2) = \sigma^2(x_1) + \sigma^2(x_2) + 2 \cdot \mathrm{cov}(x_1,x_2) .$$

Dabei kann die Kovarianz $cov(x_1,x_2)$ direkt aus dem obigen Ausdruck als

$$cov(x_1, x_2) = \frac{E\left((x_1 + x_2)^2\right) - E(x_1^2) - E(x_2^2)}{2}$$

$$- \frac{E^2(x_1 + x_2) - E^2(x_1) - E^2(x_2)}{2}$$

definiert werden. Für unabhängige stochastische Variablen x_1, x_2 gilt $cov(x_1,x_2) = 0$. Die Umkehrung dieses Satzes gilt aber nur für normalverteilte Größen.

Grenzwertsätze für Verteilungen von stochastischen Variablen

Eine Folge von Zufallsgrößen x_n heißt konvergent gegen x, wenn für ein beliebiges $\varepsilon>0$ gilt

$$\lim_{n \to \infty} P(|x_n - x| \leq \varepsilon) = 1.$$

Eine Folge von Zufallsgrößen x_n ist dem schwachen Gesetz der großen Zahlen unterworfen, wenn für ein beliebiges $\varepsilon>0$ gilt

$$\lim_{n \to \infty} P\left(\left|\frac{1}{n} \cdot \sum_{i=1}^{n} x_i - \frac{1}{n} \cdot \sum_{i=1}^{n} E(x_i)\right| \leq \varepsilon\right) = 1.$$

Eine Folge von Zufallsgrößen x_n ist dem starken Gesetz der großen Zahlen unterworfen, wenn gilt

$$P\left(\lim_{n \to \infty}\left(\frac{1}{n} \cdot \sum_{i=1}^{n} x_i - \frac{1}{n} \cdot \sum_{i=1}^{n} E(x_i)\right) = 0\right) = 1.$$

Vereinfachend gilt der Satz von Kolmogorow, daß eine Folge von Zufallsgrößen x_n dem starken Gesetz der großen Zahlen unterworfen ist, wenn die Bedingung

$$\sum_{i=1}^{\infty} \frac{\sigma^2(x_i)}{n^2} < \infty$$

gilt.

Es sei x_n eine Folge von Zufallsgrößen mit den zugeordneten normierten, zentrierten Summen

$$z_n = \frac{\sum_{i=1}^{n} (x_i - E(x_i))}{\sqrt{\sum_{i=1}^{n} \sigma^2(x_i)}},$$

dann ist die Lindebergsche Bedingung

$$\lim_{n \to \infty} \frac{1}{\sum_{i=1}^{n} \sigma^2(x_i)} \cdot \sum_{i=1}^{n} \left(\int_{|x - E(x_i)| > \varepsilon \cdot \sum_{i=1}^{n} \sigma^2(x_i)} (x - E(x_i))^2 \cdot dp\,(x_i) \right) = 0$$

hinreichend dafür, daß die Verteilungsfunktion $P(x_n)$ von der Form

$$\lim_{n \to \infty} P(x_n) = \frac{1}{\sqrt{2 \cdot \pi}} \cdot \int_{-\infty}^{x_n} e^{-\frac{t^2}{2}} \cdot dt$$

ist, d.h. daß diese angenähert einer Normalverteilung unterliegt.

2.2 Definition des Fehlerbegriffes

Der diskrete Fehler $F_{diskret}(X)$ bezeichnet die Abweichung des realen gemessenen Wertes X_{real} von einem idealen Wert X_{ideal} (Bild 2.2.1):

$$F_{diskret}(X) = X_{real} - X_{ideal}. \quad \text{<2.2.1>}$$

Für mehrdimensionale Werte, wie z.B. Zustandsvektoren, muß diese Fehlerdefinition erweitert werden.

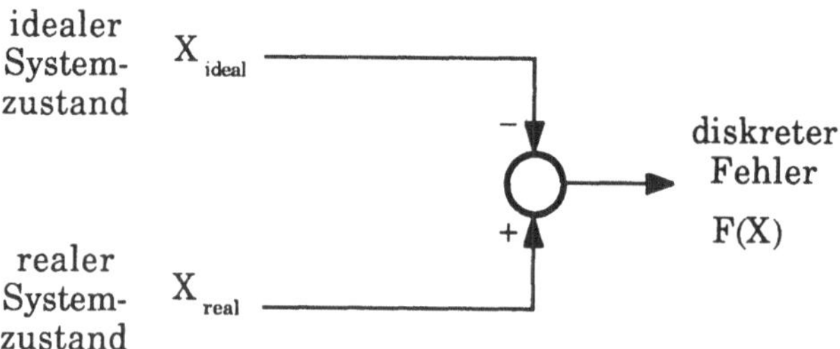

Bild 2.2.1: Definition des diskreten Fehlers

Es sei X eine n×m-dimensionale Zustandsgröße:

$$X = \begin{bmatrix} X_{1,1} & X_{1,2} & \cdots & X_{1,m} \\ X_{2,1} & X_{2,2} & \cdots & X_{2,m} \\ \cdots & \cdots & \cdots & \cdots \\ X_{n,1} & X_{n,2} & \cdots & X_{n,m} \end{bmatrix} \quad \text{<2.2.2>}$$

welche aus den skalaren Werten $x_{i,j}$ besteht. Der skalare Fehler ist dann die größte Abweichung einer Komponente $X_{real_{i,j}}$ des realen Zustandes X_{real} von der entsprechenden Komponente $X_{ideal_{i,j}}$ des idealen Zustandes X_{ideal} (Bild 2.2.2):

$$F_{i,j} = X_{ideal_{i,j}} - X_{real_{i,j}} \quad \text{<2.2.3>}$$

und

$$F_{skalar}(X) = \sup\{\ |\ z\ |\ \} \bullet \mathrm{sign}(z)\ , \text{mit} \quad z = F_{i,j}\ . \quad \text{<2.2.4>}$$

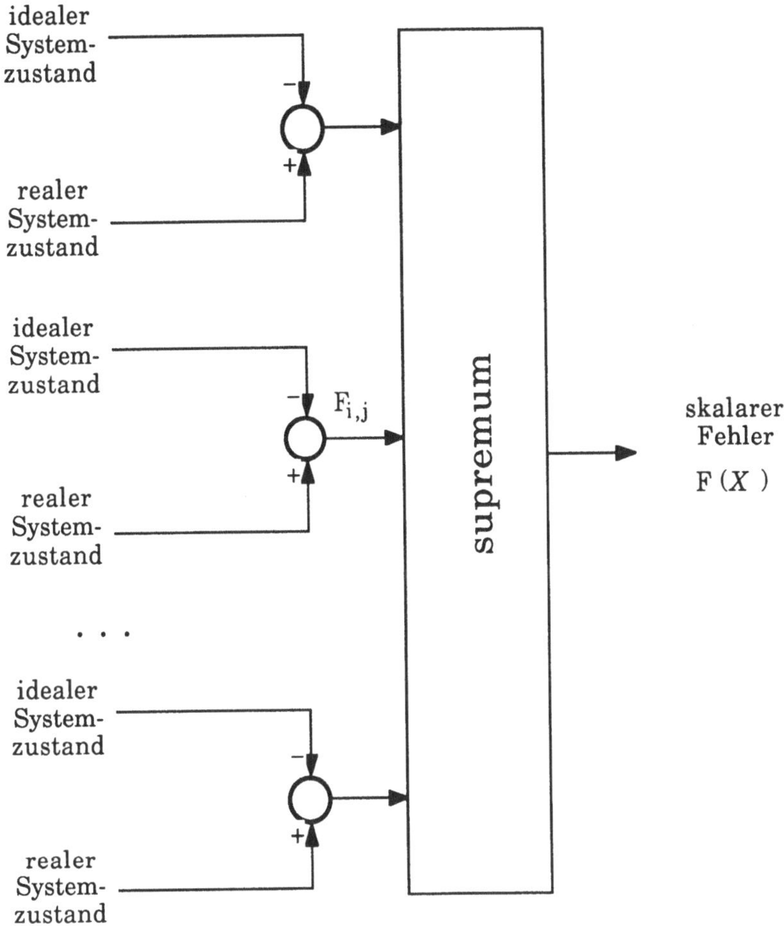

Bild 2.2.2: Definition des skalaren Fehlers

Die Fehlermatrix $F(X)$ ist die Matrix der Fehlerelemente $F_{i,j}$

$$F(X) = \begin{bmatrix} F_{1,1} & F_{1,2} & \dots & F_{1,m} \\ F_{2,1} & F_{2,2} & \dots & F_{2,m} \\ \dots & \dots & \dots & \dots \\ F_{n,1} & F_{n,2} & \dots & F_{n,m} \end{bmatrix}. \qquad \langle 2.2.5 \rangle$$

Für die spätere Behandlung von numerischen Fehlern wird der Begriff der Fehlernorm benötigt. Die Fehlernorm F_{norm} ist die Norm der Abweichung des realen gemessenen Zustandsvektors von dem zugehörigen idealen Zustandsvektor

$$F_{norm}(X) = \| X_{ideal} - X_{real} \|,$$ <2.2.6>

wobei die Norm $\| * \|$ eine beliebige Matrix- oder Vektornorm sein kann.

Im Rahmen dieser Arbeit soll der Begriff des Fehlers Fehler(X) alle oben definierten Fehler beinhalten:

$$\text{Fehler}(X) \in \{ F_{diskret}(X), F_{skalar}(X), F_{norm}(X) \},$$ <2.2.7>

wobei sich die entsprechende Definition aus dem Zusammenhang ergibt.

2.2.1 Definition der Fehlerschranke

Die Fehlerschranke $\underline{F(X)}$ einer variablen Größe X(∗) im eindimensionalen Raum $\mathfrak{R}_1$ ist die obere Betragsgrenze der skalaren Fehlergröße Fehler(X):

$$\underline{F(X)} = \sup\{ |\text{Fehler}(X)| \}.$$ <2.2.1.1>

Die Fehlerschranke ist die Intervallgrenze für den Wertebereich, den dieser Fehler annehmen kann [THIE86]:

$$\text{Fehler}(X) \in [-\underline{F(X)}, \underline{F(X)}].$$ <2.2.1.2>

Im verallgemeinerten n×m-dimensionalen Raum $\mathfrak{R}_{n,m}$ gilt für eine Variable $X(*)$ mit der Fehlermatrix $F(X)$ die Definition der Fehlerschranke:

$$\underline{F(X)} = \sup_{i,j}\{ | \text{Fehler}(X_{i,j}) | \}.$$ <2.2.1.3>

Die Fehlerschranke $\underline{F(X)}$, $X \in \mathfrak{R}_{n,m}$, ist die Intervallgrenze sowohl für den Wertebereich, den eine geeignete Norm der Fehlermatrix $F(X)$

$$\| F(X) \| \in [-\underline{F(X)} , \underline{F(X)}]$$ <2.2.1.4>

annehmen kann, als auch für den Wertebereich der individuellen Elemente der Fehlermatrix Fehler($X_{i,j}$):

$$\text{Fehler}(X_{i,j}) \in [-\underline{F(X)} , \underline{F(X)}].$$ <2.2.1.5>

Es ist dabei zu beachten, daß <2.2.1.4> nur für bestimmte Normen erfüllt ist, wie z.B. die Hilbert-Norm [HOUS64]. Die Untersuchungen im Rahmen dieser Arbeit sollen dabei auf solche Normen beschränkt werden, für welche <2.2.1.4> erfüllt ist.

2.2.2 Definition des Operators zur Fehleranalyse

Bei der analytischen Behandlung des Fehlerverhaltens von Robotersystemen eignet sich besonders die Darstellung der Verknüpfung von Größen mittels der Operatorenschreibweise. In diesem Abschnitt werden spezielle Forderungen hergeleitet, welche die Operatoren erfüllen müssen, damit sie für die allgemeine Behandlung von Fehlern besonders geeignet sind.

Die Verknüpfung zweier skalarer Variablen $X_1(*)$ und $X_2(*)$, $X_i(*) \in \mathfrak{R}_1$ mittels eines Operators O

$$Y(*) = X_1(*) \text{ O } X_2(*)$$ <2.2.2.1>

wird derart erweitert, daß sowohl für den Vektor

$$\mathit{X}_i(*) = [X_i(*) \mid \text{Fehler}(X_i(*))]^T$$ <2.2.2.2>

die Verknüpfungen

$$Y(*) = X_1(*) \; O \; X_2(*); \tag{<2.2.2.3>}$$

$$\mathrm{Y}(*) = \mathrm{X}_1(*) \; \mathrm{O} \; \mathrm{X}_2(*); \tag{<2.2.2.4>}$$

$$\mathrm{Fehler}(\mathrm{Y}(*)) = \mathrm{Fehler}(\mathrm{X}_1(*)) \; \mathrm{O} \; \mathrm{Fehler}(\mathrm{X}_2(*)) \tag{<2.2.2.5>}$$

als auch für den Vektor

$$\underline{\mathrm{X}}_i(*) = [\, \mathrm{X}_i(*) \mid \underline{\mathrm{F}}(\mathrm{X}_i(*)) \,]^T \tag{<2.2.2.6>}$$

die Verknüpfungen

$$\underline{Y}(*) = \underline{X}_1(*) \; O \; \underline{X}_2(*); \tag{<2.2.2.7>}$$

$$\mathrm{Y}(*) = \mathrm{X}_1(*) \; \mathrm{O} \; \mathrm{X}_2(*); \tag{<2.2.2.8>}$$

$$\underline{\mathrm{F}}(\mathrm{Y}(*)) = \underline{\mathrm{F}}(\mathrm{X}_1(*)) \; \mathrm{O} \; \underline{\mathrm{F}}(\mathrm{X}_2(*)) \tag{<2.2.2.9>}$$

definiert sind.

Im allgemeinen Fall des $\mathfrak{R}_{n,m}$ wird der Operator O für Matrixoperation derart erweitert, daß sowohl für die Matrix (Bild 2.2.2.1)

$$X_i(*)_{2n,m} = [\, X_i(*)_{n,m}{}^T \mid \delta X_i(*)_{n,m}{}^T \,]^T \tag{<2.2.2.10>}$$

die Verknüpfungen

$$Y(*)_{2n,m} = X_1(*)_{2n,m} \; O \; X_2(*)_{2n,m} \tag{<2.2.2.11>}$$

$$Y(*)_{n,m} = X_1(*)_{n,m} \; O \; X_2(*)_{n,m} \tag{<2.2.2.12>}$$

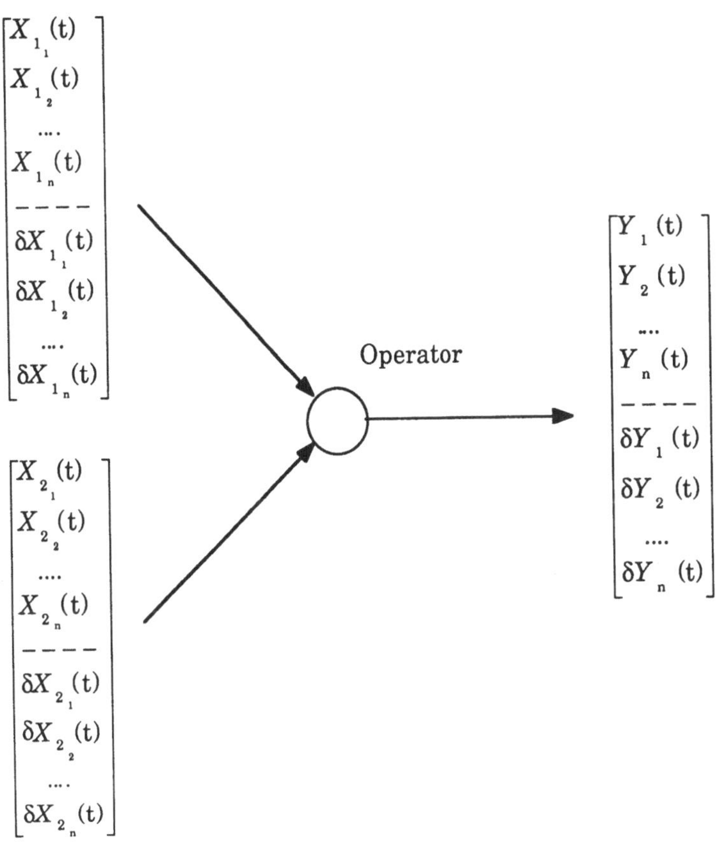

Bild 2.2.2.1: Darstellung des Operators zur Fehleranalyse in Vektorform

$$\delta Y(*)_{n,m} = \delta X_1(*)_{n,m} \ \mathrm{O} \ \delta X_2(*)_{n,m}$$ <2.2.2.13>

als auch für die Matrix (Bild 2.2.2.2)

$$\underline{X}_i(*)_{n+1,m} = [\ X_i(*)_{n,m}{}^{T} \mid \underline{F}(\delta X_i(*))\ ]^{T}$$ <2.2.2.14>

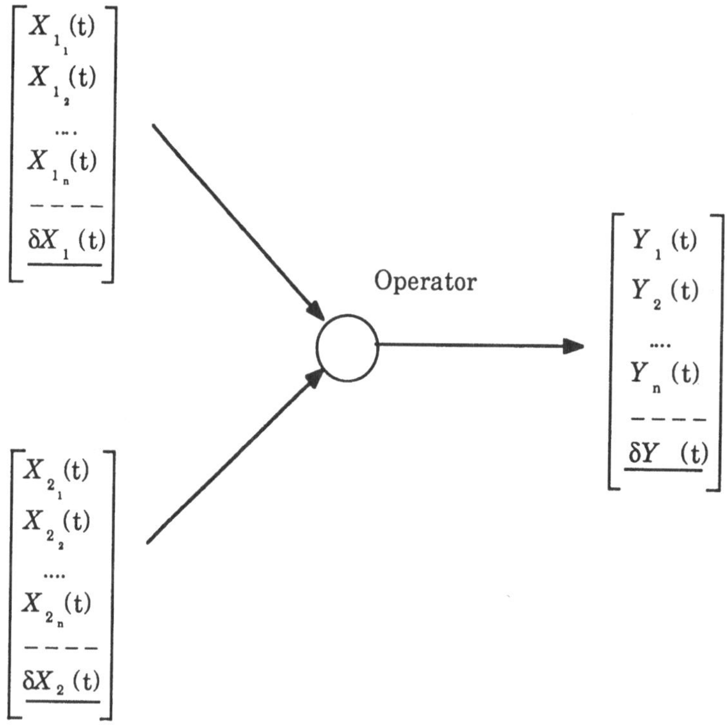

Bild 2.2.2.2: Darstellung des Operators zur Fehleranalyse in Fehlerschrankenform

die Verknüpfungen

$$\underline{Y}(*)_{n+1,m} = \underline{X}_1(*)_{n+1,m} \; O \; \underline{X}_2(*)_{n+1,m}$$ <2.2.2.15>

$$Y(*)_{n,m} = X_1(*)_{n,m} \; O \; X_2(*)_{n,m}$$ <2.2.2.16>

$$\underline{F}(\delta Y(*)) = \underline{F}(\delta X_1(*)) \; O \; \underline{F}(\delta X_2(*))$$ <2.2.2.17>

definiert sind.

Alternativ gelten die Definitionen eines Operators

$$O(Y, X_1, X_2) \rightarrow Y = X_1 \, O \, X_2$$ <2.2.2.18>

und

$$O(\underline{Y}, \underline{X}_1, \underline{X}_2) \rightarrow \underline{Y} = \underline{X}_1 \, O \, \underline{X}_2.$$ <2.2.2.19>

wobei der Präfix- und der Postfixoperator Sonderfälle darstellen, bei denen jeweils einer der Eingangsvektoren ein leeres Element ist, d.h.

$$X_i \in 0.$$ <2.2.2.20>

2.3 Definition des Systemfehlers

Die Reduktion eines realen physikalischen Systemraumes R_{phys} in einen Modellraum R_M erfolgt mittels der Modelltransformation $M\{ R_{phys} \}$

$$M\{ R_{phys} \} \rightarrow R_M ,$$ <2.3.1>

wobei diese Transformation jedem System $S_i \in R_{phys}$ ein Modell S_{M_i} im Modellraum zuordnet (Bild 2.3.1).

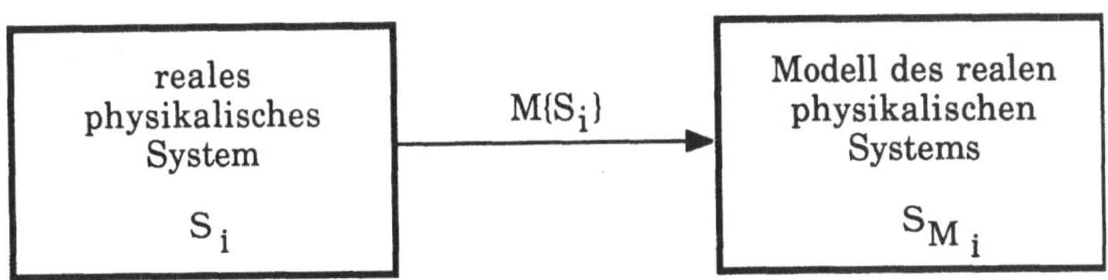

Bild 2.3.1: Darstellung der Modelltransformation

Die Modelltransformation $M\{ S_i \}$

$$M\{ S_i \} \rightarrow \{S_{M_i} , F_{M_i}\}$$ <2.3.2>

bildet das reale physikalische System S_{phys} in ein Systemmodell S_M und einen Modellfehler F_M ab und ist allgemein nicht eindeutig umkehrbar, d.h. es existiert keine eindeutige inverse Modelltransformation $M^{-1}\{ S_M \}$. Es gibt jedoch eine Klasse äquivalenter Systeme

$$S_i \in E\{ S_j \} ,$$ <2.3.3>

für die bei der Modelltransformation der Äquivalenzklasse

$$M\{ E\{ S_j \} \} \rightarrow (E\{ S_{M_j} \} , F_{M_j})$$ <2.3.4>

eine zugehörige inverse Modelltransformation

$$M^{-1}\{ (E\{ S_{M_j} \} , F_{M_j}) \} \rightarrow E\{ S_j \}$$ <2.3.5>

existiert. Die Definition des Fehlerbegriffes erfolgt mittels der Äquivalenzklasse und der inversen Modelltransformation, wobei normalerweise ein System aus der Äquivalenzklasse $F_{M_j}= 0$ gewählt wird.

Der Modellfehler ist die Abweichung des Verhaltens eines realen physikalischen Systems zu dem Verhalten eines äquivalenten Modellsystems

$$\text{Fehler}(S_{M_i}) = E\{ S_i \} - M^{-1}\{ (E\{ S_{M_j} \}, \{0\}) \}$$ <2.3.6>

und ist somit gleich dem Verhalten des Modellfehlers des äquivalenten physikalischen Systems

$$\text{Fehler}(S_{M_i}) = M^{-1}\{ (\{0\} , F_{M_i}) \}.$$ <2.3.7>

Wird gefordert, daß die Modelltransformation eine lineare Abbildung ist, dann läßt sich der Fehler (E{ S_{M_j}}) in eine Summe von k Fehlerkomponenten zerlegen

$$\text{Fehler}(S_{M_i}) = \sum_{l=1}^{k} M^{-1}\{ (\{0\}, (F_{M_l})) \}. \qquad \text{<2.3.8>}$$

Der gesamte Fehler kann somit aus der Kenntnis der einzelnen Fehlerkomponenten bestimmt werden.

Die Bestimmung des gesamten Fehlers setzt somit die Kenntnis aller Fehlerkomponenten voraus. Diese Forderung ist praktisch jedoch nicht erfüllbar, da die Dimension eines realen physikalischen Systems gegen unendlich strebt, wohingegen die numerische Berechnung nur in endlichen Modellräumen möglich ist. Es wird im folgenden vorausgesetzt, daß der Fehler nur das Resultat von k, $k < \infty$, bekannten Fehlerquellen ist und der Einfluß aller anderen Fehlerglieder vernachlässigt werden kann.

2.3.1 Mathematische Beschreibung von Fehlerquellen in Modellen von Robotersystemen

Die lineare Modelltransformation ermöglicht die Abbildung eines realen physikalischen Robotersystems in dem linearen zeitinvarianten kausalen Modellraum (kausales LTI-System) [ATHA74]. Das Robotermodell läßt sich als funktionales Blockschaltbild darstellen und beinhaltet alle Systemkomponenten inklusive aller Algorithmen, Software und Hardware.

Das Verhalten des realen physikalischen Systems ist eine Funktion aller auf den Roboter wirkenden Eingangsgrößen E_i und der zugeordneten Ausgangsgrößen A_i.

Der Vektor des Ausgangsgrößenzustandes A läßt sich als Funktion des Zustandsvektors der Eingangsgröße E darstellen

$$A = F\{ E \}. \tag{2.3.1.1}$$

Die lineare - vom Betriebszustand unabhängige - Modelltransformation $M_{1s}\{*\}$ stellt somit mathematisch die Approximation der Funktion $F(X)$ durch eine Taylor-Reihenentwicklung bis zum Glied erster Ordnung dar

$$M_{1s} : A_{\mathrm{Modell}} = F_{\mathrm{Modell}\ 0} + F_{\mathrm{Modell}\ 1} \cdot E \ , \tag{2.3.1.2}$$

wobei die Summe der Restglieder dieser Reihenentwicklung den Systemfehler darstellt.

Die lineare Modelltransformation eignet sich zur Analyse von frequenz- und zeitabhängigen Fehlerquellen, wie z.B.

- Rauschen,
- Verzögerungen,
- Filterungen,
- Diskretisierungsprozessen,
- Reduktion von Modelldynamiken.

Die lineare - vom Betriebszustand abhängige - Modelltransformation $M_{1_d}\{*\}$ ist eine Erweiterung der konstanten linearen Modelltransformation

$$M_{1_d} : A_{\mathrm{Modell}} = F_{\mathrm{Modell}\ 0}\,(E) + F_{\mathrm{Modell}\ 1}\,(E) \cdot E \tag{2.3.1.3}$$

und berücksichtigt ebenfalls nur Glieder erster Ordnung der Taylor-Reihenentwicklung. Die lineare - vom Betriebszustand abhängige - Modelltransformation eignet sich zur Behandlung von amplitudenabhängigen Fehlerquellen, wie z.B.

- Amplitudenbegrenzungen,
- Quantisierungprozessen,
- Elastizitäten.

Modelltransformationen höherer Ordnung [CORN84], wie sie zur Lösung von Hystereseproblemen erforderlich sind, werden im folgenden nicht betrachtet. Die aufgeführte Methodik zur Fehleranalyse erlaubt jedoch die Behandlung von Modelltransformationen beliebiger Ordnung.

2.4 Beschreibung des Fehlermodells

Ein reales Robotersystem kann mittels der Modelltransformation M_{1_d} derart in den Modellraum abgebildet werden, daß das äquivalente Systemmodell durch Teilsysteme endlicher Ordnung vollständig beschrieben wird. Die inverse Modelltransformation beschreibt dann ein dem realen Roboter äquivalentes fehlerbehaftetes System, welches vollständig aus einer begrenzten Menge von fehlerbehafteten Elementarsystemen realisiert werden kann.

Ein fehlerbehaftetes Elementarsystem der inversen Transformation $M_{1_d}^{-1}$ kann zwei Vektoren von Eingangsgrößen besitzen: die ideale Eingangsgröße E_i und der zugeordnete Fehler δE_i. Ferner sind diesem Elementarsystem zwei Vektoren von Ausgangsgrößen zugeordnet: die ideale Ausgangsgröße A und der zugeordnete Fehler δA. Dabei können alle Eingangsgrößen und die Ausgangsgrößen Nullvektoren sein.

Wird ein Vektor

$$E_i = [\,1\,,1\,,1\,,\,\ldots\,,1\,]^T \qquad \text{<2.4.1>}$$

mit der Dimension

$$\dim(E_i) = \dim(A_i) + \dim(\delta A_i) \qquad \text{<2.4.2>}$$

definiert und werden alle Eingangsvektoren E_i und δE_i, mit $i \in [1,2,\ldots,n]$, und der Zeitparameter t in einem Eingangsvektor

$$E_g = [\,E_1^T \mid E_2^T \mid \ldots \mid E_n^T \mid \delta E_1^T \mid \delta E_2^T \mid \ldots \mid \delta E_n^T \mid t\,]^T \qquad \text{<2.4.3>}$$

zusammengefaßt, und werden ferner die Ausgangsvektoren A, δA und der Zeitparameter t in einem Ausgangsvektor

$$A_g = [\, A^{\mathrm{T}} \mid \delta A^{\mathrm{T}} \mid \mathrm{t}\,]^{\mathrm{T}} \qquad \text{<2.4.4>}$$

zusammengefaßt, dann läßt sich eine Übertragungsfunktion $h_{1_d}(E_g)$ des Elementarsystems angeben und der Vektor der Ausgangsgrößen läßt sich als Faltungsprodukt

$$A_g = h_{1_d}(E_g) * E_g \qquad \text{<2.4.5>}$$

darstellen. Die Berechnung des Systemzustands und des Systemfehlers kann mittels der Hilfe von Elementarsystemen erfolgen. Die Übertragungsfunktion des Elementarsystems ist eine Funktion der Eingangsvektoren und des Fehlermodells der Transformation M_{1_d} [MORO83]. Der berücksichtigte Systemfehler beinhaltet nur Fehlerkomponenten, welche im M_{1_d} Modellraum beschrieben werden können. Das Modell des Systemfehlers muß daher als Approximation des gesamten Systemfehlers verstanden werden.

3 Skalare Betragsabschätzungen in Robotersystemen

Die Zielsetzung dieser Arbeit ist es, den Einfluß von Fehlern in Robotersystemen zu untersuchen und anhand dieser Ergebnisse das gesamte Systemverhalten zu optimieren. Hierbei sollen allerdings keine gezielten Strukturveränderungen des Systems [MORO83], Transformationen zur Reduktion von Fehlern [KOND86] oder strukturelle Modifikationen der Algorithmen [KAIS86] zur Fehlerreduktion betrachtet werden.

Im vorhergehenden Kapitel wurde bereits gezeigt, daß sich sowohl das System als auch das Fehlerverhalten durch Blockdiagramme beschreiben lassen.

Es ist dabei ferner zu beachten, daß in der Regel nur der maximale Fehler in einem bestimmten Betriebszustand oder in einem bestimmten Betriebsintervall von Interesse ist, da diese Extremwerte das gesamte Verhalten des Roboters in entscheidender Weise bestimmen [MOOR66]. Es ist daher zulässig, sich in den folgenden Ausführungen auf die Bestimmung maximaler Fehlerschranken für diese Betriebspunkte bzw. Betriebsintervalle zu beschränken. Es ist die Zielsetzung dieser Arbeit eine obere Schranke des Wertebereiches für eine spezielle Ausgangsgröße des realen fehlerbehafteten Robotersystems zu bestimmen.

In diesem und dem folgenden Kapitel sollen daher zunächst allgemein Verfahren zur Bestimmung von Betragsschranken vorgestellt und miteinander verglichen werden. Diese Verfahren sollen dann erst im späteren Verlauf der Arbeit speziell zur Berechnung von Fehlerschranken benutzt werden.

3.1 Betragsschrankenabschätzung mittels deterministischer Verfahren

Für ein System, welches aus elementaren Übertragungsblöcken besteht, kann die Betragsschranke aus der Kenntnis der Betragsschranken der einzelnen Übertragungsblöcke ermittelt werden. Zu diesem Zweck muß zunächst eine Betragsschranke der Übergangsfunktion $\underline{h(H(t),X(t))}$ für jedes Systemglied ermittelt werden [NICK77]. Diese Schranke läßt sich entweder im Zeitbereich oder in einem geeigneten transformierten Bereich bestimmen. Beide Methoden sollen im folgenden beschrieben werden.

3.1.1 Bestimmung der Betragsschranke im Zeitbereich

Dieses Lösungsverfahren ist der klassische Lösungsansatz zur Fehleranalyse. Besonders umfangreiche Untersuchungen, die auf diesem Verfahren aufbauen, sind im Rahmen der Abschätzung arithmetischer Fehler durchgeführt worden [ALBR77]. H(t) ist die Übergangsfunktion des zu betrachtenden Systemblocks S_i mit dem Eingangssignalvektor X(t) und dem Ausgangssignalvektor Y(t):

$$Y(t) = \int_0^T H(t-\tau) \cdot X(\tau) \cdot d\tau \qquad \langle 3.1.1.1\rangle$$

Es ist eine Schranke $\underline{H}$ derart zu bestimmen, daß

$$\underline{H} \cdot \|X(t)\| \geq \sup_{X(t)} \{\|Y(t)\|\} \qquad \langle 3.1.1.2\rangle$$

erfüllt ist, d.h.

$$\underline{H} \cdot \|X(t)\| \geq T \cdot \sup_{0 \leq t \leq T} \{\|H(t)\|\} \cdot \sup_{0 \leq t \leq T} \{\|X(t)\|\} \qquad \langle 3.1.1.3\rangle$$

Wird <3.1.1.2> für beliebige, auch instabile Systeme durch die Betragsschranke

$$\underline{H} \cdot \sup_{0 \le t \le T} \{\|X(t)\|\} \ge \sup_{X(t)} \{\|Y(t)\|\}$$ <3.1.1.4>

ersetzt, dann kann die Betragsschranke der Übergangsfunktion $\underline{H}$ einfach bestimmt werden, falls $H(t)$ eine einfache, lineare Funktion der Zeit t ist. Für nichtlineare Systemblöcke kann die Betragsschranke $\underline{H}$ oftmals durch Reihenentwicklung bestimmt werden. Es gilt für eine beliebige stetige Funktion $H(X(t),t)$:

$$H(X(t),t) = H(0,t) + \sum_{i=1}^{\infty} \frac{d^i}{(dt)^i} \cdot H(0,t) \cdot X^i(t).$$ <3.1.1.5>

Für kausale Systeme S_i gilt unter der Annahme $X(t)=0$ für den Term nullter Ordnung:

$$H(0,t) = 0 \quad .$$ <3.1.1.6>

Die Betragsschranke ist somit unter Berücksichtigung der Ungleichung in <3.1.1.4>:

$$\sup_{0 \le t \le T} \{H(X(t),t)\} = \underline{H} = \sum_{i=1}^{\infty} \frac{d^i}{(dX(0))^i} \|H(X(t),t)\| \Big|_{X(0)=0} \cdot z^i$$ <3.1.1.7>

mit

$$z = \sup_{0 \le t \le T} \{\|X(t)\|\} \quad .$$ <3.1.1.8>

Kann diese Gleichung nicht erfüllt werden, dann existiert die Norm der Übergangsfunktion nicht. In diesem Fall muß die maximale Betragsnorm $\|\underline{Y}\|$

des Ausgangssignalvektors $Y(\mathrm{t})$ direkt bestimmt, oder durch eine geeignete Abschätzung ausgedrückt werden.

3.1.2 Bestimmung der Betragsschranke im transformierten Bereich

Ist die Übertragungsfunktion $H(\mathrm{t})$ im Laplace-Bereich bekannt, dann kann die Betragsschranke gemäß Ungleichung <3.1.1.2> auch im transformierten Bereich bestimmt werden [SCHÜ73]. Für die Laplace-Transformation gilt der Faltungssatz

$$L\{Y(\mathrm{t})\} = L\left\{ \int_{-\infty}^{+\infty} H(\mathrm{t}-\tau) \cdot X(\tau) \cdot d\tau \right\} = L\{H(\mathrm{t})\} \cdot L\{X(\mathrm{t})\}.$$

<3.1.2.1>

und die inverse Laplace-Transformation

$$L^{-1}\{L\{Y(\mathrm{t})\}\} = \frac{1}{2\pi\sqrt{-1}} \cdot \oint_{c} L\{Y(\mathrm{t})\} \cdot e^{-st} \cdot ds \quad .$$

<3.1.2.2>

Die inverse Laplace-Transformation erfordert die Berechnung eines komplexen Kurvenintegrals und erfolgt in der Regel mittels des Residuensatzes:

$$\begin{aligned} \left|L^{-1}\{L\{Y(\mathrm{t})\}\}\right| &= \left|\Sigma \mathrm{res}\left(L\{Y(\mathrm{t})\} \cdot e^{-s \cdot t}\right)\right| \\ &\leq \left(\Sigma\left|\mathrm{res}(L\{H(\mathrm{t})\})\right| \cdot \left|e^{-\frac{s \cdot t}{2}}\right| + \Sigma\left|\mathrm{res}(L\{X(\mathrm{t})\})\right| \cdot \left|e^{-\frac{s \cdot t}{2}}\right|\right) \\ &\quad \cdot \sup_{H(\mathrm{t}),\, X(\mathrm{t})} \left\{\left|\mathrm{res}(*)\right|\right\}. \end{aligned}$$

<3.1.2.3>

In Abhängigkeit von den Werten für $H(\mathrm{t})$, $X(\mathrm{t})$ und sup{Res{∗}} kann diese Abschätzung im Laplace-Bereich einen günstigeren Wert liefern als die Abschätzung im Zeitbereich, wobei die Lösung im Laplace-Bereich in der Regel sowohl einen konstanten Term als auch einen von $X(t)$ abhängigen Term liefert.

3.1.3 Deterministische Betragsschrankenbestimmung eines kameragesteuerten Robotergreifarms

Die oben beschriebenen deterministischen Verfahren sollen nun anhand eines Beispiels miteinander verglichen werden. Das zu untersuchende System sei der in Bild 3.1.3.1 dargestellte Robotergreifarm, welcher mittels einer Kamera (optischer Sensor) die Ist-Position zur Steuerung der Bewegung des Roboters ermittelt. Die gewünschte Endposition des Armes ist senkrecht zu einem Werkstück W im Abstand d. Dabei sind die Lage und die Größe des Werkstückes bekannt. Es sei T eine Transformationsmatrix, welche den Systemnullpunkt in das Werkstück W abbildet [BEDE86]. Für die weiteren Berechnungen wird vereinfachend angenommen, daß die Orientierung des Systems derart ist, daß diese Transformationsmatrix eine Einheitsmatrix ist, d.h. die Koordinatentransformation soll im weiteren nicht berücksichtigt werden.

Das System (Bild 3.1.3.2) wird vereinfachend als System mit PID-Regler und nachgeschaltetem Stromverstärker angenommen. Die Laplace-Transformierte der Übertragungsfunktion ist somit für dieses Beispiel:

$$H(s) = \begin{bmatrix} h_{1,1}(s) & 0 & 0 \\ 0 & h_{2,2}(s) & 0 \\ 0 & 0 & h_{3,3}(s) \end{bmatrix}$$

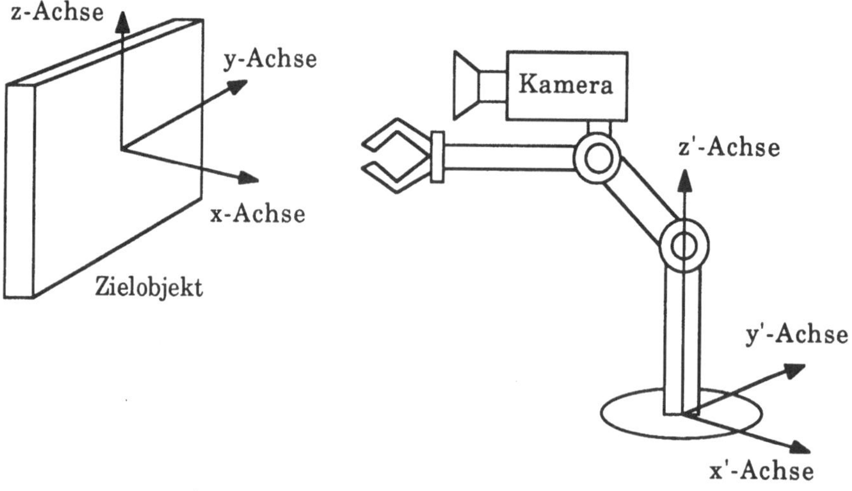

Bild 3.1.3.1: Darstellung des kameragesteuerten Robotersystems

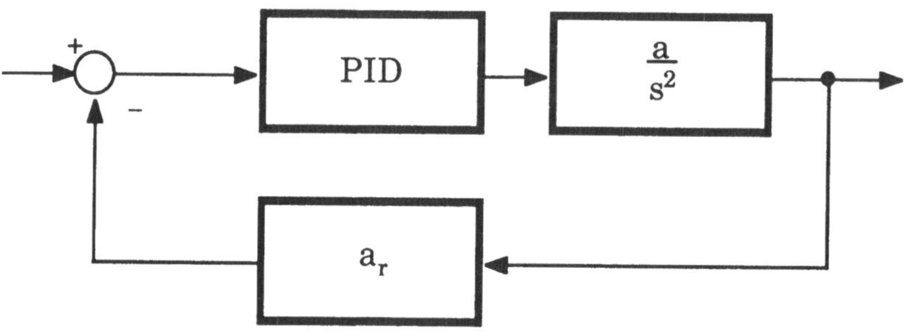

Bild 3.1.3.2: Blockdiagramm der Robotersteuerung

mit den folgenden Definitionen gemäß [MEYR79]

$$h_{1,1}(s)=\frac{a_{d_x}\cdot s^2+a_{p_x}\cdot s+a_{i_x}}{\frac{1}{a_x}\cdot s^3+a_{d_x}\cdot a_{r_x}\cdot s^2+a_{p_x}\cdot a_{r_x}\cdot s+a_{i_x}\cdot a_{r_x}}$$

$$h_{2,2}(s)=\frac{a_{d_y}\cdot s^2+a_{p_y}\cdot s+a_{i_y}}{\frac{1}{a_y}\cdot s^3+a_{d_y}\cdot a_{r_y}\cdot s^2+a_{p_y}\cdot a_{r_y}\cdot s+a_{i_y}\cdot a_{r_y}}$$

$$h_{3,3}(s)=\frac{a_{d_z}\cdot s^2+a_{p_z}\cdot s+a_{i_z}}{\frac{1}{a_z}\cdot s^3+a_{d_z}\cdot a_{r_z}\cdot s^2+a_{p_z}\cdot a_{r_z}\cdot s+a_{i_z}\cdot a_{r_z}}\;.$$ <3.1.3.1>

Das mechanische System und die Positionsberechnung werden hierbei als System mit der Übertragungsfunktion

$$H(t)=1$$ <3.1.3.2>

angesehen, wodurch das gesamte System als ein fehlerfreies System modelliert wird. Für den fehlerfreien Ausgangszustand $Y(t)$ in Abhängigkeit von dem Sollzustand $R(t)$ erhält man die allgemeine Laplace-Gleichung (hier und im folgenden nur die Gleichung für die x-Koordinate)

$$L\{k_x(t)\}=L\{r_x(t)\}\cdot\frac{a_{2_x}\cdot s^2+a_{1_x}\cdot s+a_{0_x}}{b_{3_x}\cdot s^3+b_{2_x}\cdot s^2+b_{1_x}\cdot s+b_{0_x}}$$ <3.1.3.3>

Das gesamte Blockschaltbild des Roboters ist in Bild 3.1.3.3 dargestellt.

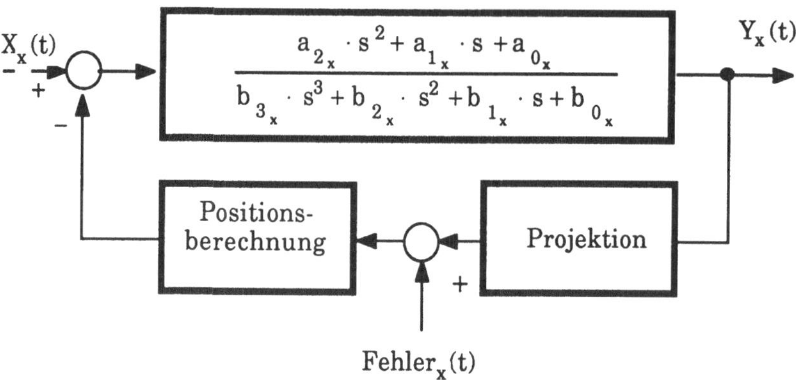

Bild 3.1.3.3: Blockschaltbild des Robotersystems

3.1.3.1 Beispiel der Lösung im Zeitbereich

Die Betragsabschätzung im Zeitbereich soll nun für eine Sprungfunktion untersucht werden. Für einen Eingangssprung der Amplitude $R_0 = [r_{0_x}, r_{0_y}, r_{0_z}]^T$ ergibt sich die Laplace-Transformierte des geschlossenen Regelkreises

$$L\{Y_x(t)\} = r_{0_x} \cdot \frac{a_{2_x}\cdot s^2 + a_{1_x}\cdot s + a_{0_x}}{s\cdot(s-(-c_1))\cdot(s-(-c_2))\cdot(s-(-c_3))} \quad \text{<3.1.3.1.1>}$$

mit der Lösung im Zeitbereich für einfache Nullstellen und für ein stabiles System

$$Y_x(t) = \frac{a_{0_x}}{c_{1_x}\cdot c_{2_x}\cdot c_{3_x}}\cdot r_{0_x}$$

$$-\frac{a_{2_x}\cdot c_{1_x}^2 - a_{1_x}\cdot c_{1_x} + a_{0_x}}{c_{1_x}\cdot(c_{1_x}-c_{2_x})\cdot(c_{1_x}-c_{3_x})}\cdot r_{0_x}\cdot e^{-c_{1_x}\cdot t}$$

$$-\frac{a_{2_x}\cdot c_{2_x}^2-a_{1_x}\cdot c_{2_x}+a_{0_x}}{c_{2_x}\cdot\left(c_{2_x}-c_{1_x}\right)\cdot\left(c_{2_x}-c_{3_x}\right)}\cdot r_{0_x}\cdot e^{-c_{2_x}\cdot t}$$

$$-\frac{a_{2_x}\cdot c_{3_x}^2-a_{1_x}\cdot c_{3_x}+a_{0_x}}{c_{3_x}\cdot\left(c_{3_x}-c_{1_x}\right)\cdot\left(c_{3_x}-c_{2_x}\right)}\cdot r_{0_x}\cdot e^{-c_{3_x}\cdot t}$$

<3.1.3.1.2>

Die Elemente c_{i_x} sind die einfachen Nullstellen des Nennerpolynoms des geschlossenen Systemkreises (Bild 3.1.3.3) mit der Bestimmungsgleichung:

$$s^3+s^2\cdot\frac{b_{2_x}+a_{2_x}}{b_{3_x}}+s\cdot\frac{b_{1_x}+a_{1_x}}{b_{3_x}}+\frac{b_{0_x}+a_{0_x}}{b_{3_x}}=0 \quad .$$

<3.1.3.1.3>

Die Bereichsschranke der Funktion in <3.1.3.1.2> ergibt sich somit für ein stabiles System als

$$\underline{Y_x(t)}=\left|\frac{a_{0_x}}{c_{1_x}\cdot c_{2_x}\cdot c_{3_x}}\cdot r_{0_x}\right|$$

$$+\left|\frac{a_{2_x}\cdot c_{1_x}^2-a_{1_x}\cdot c_{1_x}+a_{0_x}}{c_{1_x}\cdot\left(c_{2_x}-c_{1_x}\right)\cdot\left(c_{3_x}-c_{1_x}\right)}\cdot r_{0_x}\right|$$

$$+\left|\frac{a_{2_x}\cdot c_{2_x}^2-a_{1_x}\cdot c_{2_x}+a_{0_x}}{c_{2_x}\cdot\left(c_{1_x}-c_{2_x}\right)\cdot\left(c_{3_x}-c_{2_x}\right)}\cdot r_{0_x}\right|$$

$$+\left|\frac{a_{2_x}\cdot c_{3_x}^2-a_{1_x}\cdot c_{3_x}+a_{0_x}}{c_{3_x}\cdot\left(c_{1_x}-c_{3_x}\right)\cdot\left(c_{2_x}-c_{3_x}\right)}\cdot r_{0_x}\right| \quad .$$

<3.1.3.1.4>

In dieser Gleichung treten nur noch Glieder auf, die von den Systemparametern und somit den Polstellen des Systems abhängig sind, nicht jedoch von der Zeit. Man erhält mit diesem Verfahren Abschätzungen für einen unrealistisch schlechten Fall, weil alle Terme in <3.1.3.1.2> gleichzeitig als maximal und als positiv angenommen werden. In der Praxis wird man daher immer versuchen <3.1.3.1.2> numerisch auszuwerten.

Die Schranke des eingeschwungenen Systems erhält man unter den gleichen Bedingungen als

$$\underline{Y_x(\infty)} = \frac{a_{0_x}}{c_{1_x} \cdot c_{2_x} \cdot c_{3_x}} \cdot r_{0_x}$$ <3.1.3.1.5>

3.1.3.2 Beispiel der Lösung im transformierten Bereich

Für die Lösung im Laplace-Bereich erhält man unter Zuhilfenahme des Residuenkalküls für ein stabiles System (siehe Gleichung <3.1.2.3>)

$$\underline{Y_x(t)} = \sup_i \left\{ res_{i_x} \right\} \cdot \sum_{i=0}^{3} res_{i_x}$$ <3.1.3.2.1>

mit

$$\underline{res_{0_x}} = \left| \sup_t \left\{ res\left(\frac{r_{0_x}}{s} \cdot e^{\frac{st}{2}} \right) \right\} \right| = \left| r_{0_x} \right|$$ <3.1.3.2.2>

$$\underline{res_{1_x}} = \sup_t \left\{ \left| \underset{c_{1_x}}{res} \left(e^{\frac{st}{2}} \cdot \frac{a_{2_x} \cdot s^2 + a_{1_x} \cdot s + a_{0_x}}{\left(s-\left(-c_{1_x}\right)\right) \cdot \left(s-\left(-c_{2_x}\right)\right) \cdot \left(s-\left(-c_{3_x}\right)\right)} \right) \right|_{s = c_{1_x}} \right\}$$

$$= \sup_t \left\{ \left| \frac{a_{2_x} \cdot c_{1_x}^2 - a_{1_x} \cdot c_{1_x} + a_{0_x}}{\left(c_{1_x} - c_{2_x}\right) \cdot \left(c_{1_x} - c_{3_x}\right)} \cdot e^{-\frac{c_{1_x}}{2} \cdot t} \right| \right\}$$

$$= \left| \frac{a_{2_x} \cdot c_{1_x}^2 - a_{1_x} \cdot c_{1_x} + a_{0_x}}{\left(c_{1_x} - c_{2_x}\right) \cdot \left(c_{1_x} - c_{3_x}\right)} \right|$$

<3.1.3.2.3>

$$\underline{res_{2_x}} = \sup_t \left\{ \left| \underset{c_{2_x}}{res} \left(e^{\frac{st}{2}} \cdot \frac{a_{2_x} \cdot s^2 + a_{1_x} \cdot s + a_{0_x}}{\left(s-\left(-c_{1_x}\right)\right) \cdot \left(s-\left(-c_{2_x}\right)\right) \cdot \left(s-\left(-c_{3_x}\right)\right)} \right) \right|_{s = c_{2_x}} \right\}$$

$$= \sup_t \left\{ \left| \frac{a_{2_x} \cdot c_{2_x}^2 - a_{1_x} \cdot c_{2_x} + a_{0_x}}{\left(c_{2_x} - c_{1_x}\right) \cdot \left(c_{2_x} - c_{3_x}\right)} \cdot e^{-\frac{c_{2_x}}{2} \cdot t} \right| \right\}$$

$$= \left| \frac{a_{2_x} \cdot c_{2_x}^2 - a_{1_x} \cdot c_{2_x} + a_{0_x}}{\left(c_{2_x} - c_{1_x}\right) \cdot \left(c_{1_x} - c_{3_x}\right)} \right|$$

<3.1.3.2.4>

$$\underline{res_{3_x}} = \sup_t \left\{ \left| \underset{c_{3_x}}{res} \left(e^{\frac{st}{2}} \cdot \frac{a_{2_x} \cdot s^2 + a_{1_x} \cdot s + a_{0_x}}{\left(s-\left(-c_{1_x}\right)\right) \cdot \left(s-\left(-c_{2_x}\right)\right) \cdot \left(s-\left(-c_{3_x}\right)\right)} \right) \right|_{s = c_{3_x}} \right\}$$

$$= \sup_t \left\{ \left| \frac{a_{2_x} \cdot c_{1_x}^2 - a_{1_x} \cdot c_{1_x} + a_{0_x}}{\left(c_{1_x} - c_{2_x}\right) \cdot \left(c_{1_x} - c_{3_x}\right)} \cdot e^{-\frac{c_{3_x}}{2} \cdot t} \right| \right\}$$

$$= \left| \frac{a_{2_x} \cdot c_{3_x}^2 - a_{1_x} \cdot c_{3_x} + a_{0_x}}{\left(c_{3_x} - c_{1_x}\right) \cdot \left(c_{3_x} - c_{2_x}\right)} \right| .$$

<3.1.3.2.5>

Die Elemente c_{i_x} sind die einfachen Nullstellen des Nennerpolynoms des geschlossenen Systemkreises (Bild 3.1.3.3) mit der Bestimmungsgleichung:

$$s^3 + s^2 \cdot \frac{b_{2_x} + a_{2_x}}{b_{3_x}} + s \cdot \frac{b_{1_x} + a_{1_x}}{b_{3_x}} + \frac{b_{0_x} + a_{0_x}}{b_{3_x}} = 0 \quad . \qquad \text{<3.1.3.2.6>}$$

Die Abschätzung <3.1.3.2.1> enthält wie die Lösung im Zeitbereich (siehe Abschnitt 3.1.3.1) Summenglieder, die von den Systemparametern abhängig sind. Ein allgemeiner Vergleich mit den Ergebnissen in <3.1.3.1.4> ist daher nicht möglich. Untersuchungen anhand von konkreten Zahlenbeispielen zeigen jedoch, daß die Abschätzung im Frequenzbereich oftmals eine engere und somit bessere Abschätzung der Betragsschranken ermöglicht.

Kann die Stabilität des Systems nicht garantiert werden, dann müssen bei der Lösung die entsprechenden Fallunterscheidungen zur Bestimmung der Werte sup{*} anhand der aktuellen Zahlenwerte vorgenommen werden.

3.1.3.3 Vergleich der deterministischen Lösungsverfahren

Das ermittelte Ausgangssignal und die zugehörigen Betragsschranken sind in Bild 3.1.3.3.1 für den schwach gedämpften Betriebsfall vergleichend dargestellt. Es ist deutlich zu erkennen, daß für dieses Beispiel das Verfahren zur Betragsschrankenbestimmung im Frequenzbereich zu einer realistischeren Abschätzung des Ausgangsbetrages führt, wobei jedoch erhebliche Abweichungen der vorhergesagten Fehlerschranken mit den tatsächlich ermittelten Werten deutlich werden [RÜTT73].

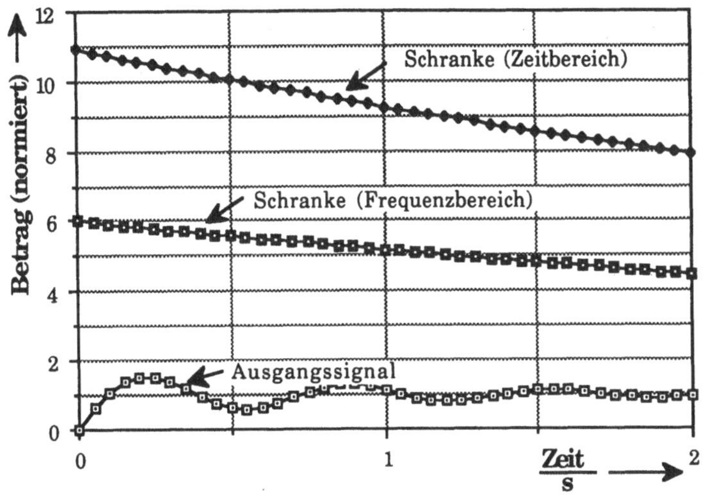

Bild 3.1.3.3.1: Vergleich der deterministischen Betragsschranken für ein schwach gedämpftes, stabiles Robotersystem

3.2 Statistische Betragsschrankenabschätzung

Betrachtet man deterministische Größen als Sonderfälle der Klasse der stochastischen Größen, dann lassen sich Betragsschranken mittels statistischer Methoden abschätzen.

Jede n-dimensionale Systemgröße $X(t)$ sei dabei als Realisierung R eines stochastischen Prozesses

$$X(t) = R\{\,[\,p(x_1)\,,\,p(x_2)\,,\,\ldots\,,\,p(x_n)\,]^T\,,\,[\,x_1(t)\,,\,x_2(t)\,,\,\ldots\,,\,x_n(t)\,]^T\,\} \qquad \text{<3.2.1>}$$

zu verstehen [SLOD65]. Jede stochastische Systemgröße wird vollständig, jedoch nicht eindeutig umkehrbar, durch sämtliche Momente ihrer Verteilungsdichtefunktion beschrieben [KEND69].

Das Ausgangssignal Y(t) eines Übertragungsblockes H(X(t),t) mit dem Eingangssignal X(t) wird dann ebenfalls durch die zugeordneten Momente erster und höherer Ordnung der Verteilungsdichtefunktion p(Y(t)) beschrieben.

Die zugeordneten Momente $m_i(Y(t))$ können dann mittels der Gleichung

$$m_i\{Y(t)\} = \int_{-\infty}^{\infty} Y(t)^i \cdot p_{Y(t)}(X(t), H(t), t) \cdot d\, Y(t) \qquad \text{<3.2.2>}$$

bestimmt werden. Es soll nun gezeigt werden, daß dieses Integral unter Verwendung der Mellin-Transformation in ein System linearer Übertragungsglieder umgewandelt werden kann, dessen numerische Behandlung sich gegenüber den oben beschriebenen deterministischen Lösungen wesentlich vereinfacht [WEST84].

3.2.1 Die Eigenschaften der Mellin-Transformation

Da die Mellin-Transformation bei der im weiteren Verlauf dieses Abschnittes beschriebenen statistischen Betragsabschätzung eine entscheidende Rolle spielt, sind ihre wichtigsten Eigenschaften im folgenden zum besseren Verständnis zusammengefaßt [SPRI79].

Die Mellin-Transformation M_s (s ist eine beliebige komplexe Zahl) der Funktion p(x) ist eine lineare Transformation mit der Transformationsgleichung:

$$M_s\{p(x)\} = \int_0^{\infty} x^{s-1} \cdot p(x) \cdot dx \qquad \text{<3.2.1.1>}$$

und mit der inversen Transformation:

$$p(x) = M^{-1}\{M_s\{p(x)\}\} = \frac{1}{2\pi\sqrt{-1}} \cdot \oint_c x^{-s} \cdot M_s\{p(x)\} \cdot dx \quad , \qquad \text{<3.2.1.2>}$$

welche p(x) eindeutig bestimmt, wenn die Verteilungsdichtefunktion in dem zu bestimmenden Bereich eindeutig und stetig ist. Die Mellin-Transformation, wie die Laplace- und Fourier-Transformation, ist eine Integraltransformation, welche die folgenden Eigenschaften besitzt:

Linearität:

$$M_s\{c_1 \cdot p_1(x) + c_2 \cdot p_2(x)\} = c_1 \cdot M_s\{p_1(x)\} + c_2 \cdot M_s\{p_2(x)\}$$

<3.2.1.3>

Ähnlichkeit:

$$M_s\{p(a \cdot x)\} = a^{-s} \cdot M_s\{p(x)\}$$

<3.2.1.4>

Ableitung:

$$M_s\left\{\left(\frac{d}{dx}\right)^n p(x)\right\} = (-1)^n \cdot \prod_{j=1}^{n-1} (s-j) \cdot M_{s-n}\{p(x)\}$$

<3.2.1.5>

Dämpfung:

$$M_s\{x^{-a} \cdot p(x)\} = M_{s-a}\{p(x)\}$$

<3.2.1.6>

Potenz:

$$M_s\{p(x^a)\} = \frac{1}{a} \cdot M_{\frac{s}{a}}\{p(x)\}$$

<3.2.1.7>

Ferner ist das Faltungstheorem bei der Mellin-Transformation für solche Verteilungsdichtefunktionen erfüllt

$$M_s\{p_1(x)\} \cdot M_s\{p_2(x)\} = M_s\left\{\int_{-\infty}^{\infty} p_1(z) \cdot p_2(z-x) \cdot dz\right\},$$

<3.2.1.8>

für die gilt: $p(x)=0$ für $x \leq 0$. Bei Werten $p(x) \neq 0$ für sowohl $x<0$ und $x \geq 0$ muß eine entsprechende Fallunterscheidung vorgenommen werden.

Aus dieser Gleichung ist ersichtlich, daß bei der Mellin-Transformation, ähnlich wie bei der Laplace-Transformation, die Faltung im Verteilungsdichtebereich, wie sie bei dem Produkt zweier Zufallsvariablen zu berechnen ist, in eine Multiplikation im Momentenbereich übergeht.

3.2.2 Statistische Betragsschrankenberechnung

Die Mellin-Transformation $M\{*\}$ [SPRI79] ermöglicht für Verteilungsdichtefunktionen, für die dieselben Einschränkungen gelten wie für <3.2.1.8>, die Umwandlung des Faltungsintegrals in Gleichung <3.1.1.1> in das Produkt zweier Momentenfunktionen zur Bestimmung der Momente $m_i(Y(t))$ des Ausgangssignals Y(t), als Funktion des Eingangssignals X(t) und der Übertragungsfunktion H(t) zu

$$m_i(Y(t)) = M_{i+1}\{H(X(t), t)\} \cdot M_{i+1}\{p(X(t))\} \quad .$$ <3.2.2.1>

Diese Gleichung gestattet somit die Umwandlung des zeitlichen Verlaufes zweier stochastischer Prozesse in die statistische Beschreibung der Amplitude der Ausgangsgröße.

Die Lösung der Bestimmungsgleichung <3.2.2.1> kann nun einfach mit den Methoden der linearen Algebra erfolgen. Die Verteilungsdichtefunktion des Ausgangssignals p(Y) kann aus der inversen Transformation $M^{-1}\{m_{i-1}(Y)\}$ berechnet werden.

Die Berechnung der inversen Transformation führt jedoch in der Praxis oftmals zu komplizierten Funktionen, deren Berechnung und Auswertung numerisch nicht geschlossen erfolgen kann. Sind die Verteilungsdichtefunktionen der Eingangsgrößen ferner nicht nur für positive Größen definiert, dann müssen bei der Auswertung der inversen Transformationen Fallunterscheidungen vorgenommen werden, welche die Komplexität der Lösung zusätzlich erhöhen. Im folgenden sollen daher Vereinfachungen der exakten Lösung aufgezeigt werden, welche zur Abschätzung von Betragsschranken dienen können.

3.2.3 Abschätzung der statistischen Betragsschranke

Soll lediglich eine Betragsschranke $\underline{Y(t)}$ der Ausgangsgröße Y(t) bestimmt werden, dann läßt sich die Berechnung der inversen Mellin-Transformation vermeiden, wenn die Verteilungsdichtefunktion p(Y(t)) bekannt ist oder abgeschätzt werden kann und die im folgenden beschriebenen zusätzlichen Bedingungen erfüllt werden können.

Für jede Verteilungsdichtefunktion p(x(t)) einer stochastischen Größe x(t) mit endlichem Mittelwert $\mu(x(t))$ und endlicher Standardabweichung $\sigma(x(t))$ läßt sich ein Intervall I, $x \in [x_{min}, x_{max}]$, und eine Schranke ε, $\varepsilon \in [0,1]$, angeben, für welche die Bedingung

$$1 - P(x \leq x_{min}) - P(x \geq x_{max}) \leq 1 - \varepsilon \qquad <3.2.3.1>$$

erfüllt wird. Dieses Intervall I kann außerdem durch den Mittelwert $\mu(x(t))$, die Standardabweichung $\sigma(x(t))$ und die vorab unbekannten Konstanten k_1 und k_2 ausgedrückt werden. Es gilt für alle Komponenten x(t) die Intervallbeziehung:

$$x_i \in [\, (\, \mu(x(t)) - k_1 \cdot \sigma(x(t))\,)\, ,\, (\, \mu(x(t)) + k_2 \cdot \sigma(x(t))\,)\,], \qquad <3.2.3.2>$$

wobei die Nebenbedingung

$$P(\, x \leq (\mu(x_i) - k_1 \cdot \sigma(x_i))\,) = P(\, (\mu(x_i) + k_2 \cdot \sigma(x_i)) \leq x\,) \qquad <3.2.3.3>$$

erfüllt sein soll. Diese Forderung ist sinnvoll im Hinblick auf die - im weiteren Verlauf dieser Ableitung folgenden - Forderung, daß die Verteilungsdichtefunktionen der Ergebnisse bestimmter arithmetischer Operationen von stochastischen Größen näherungsweise als Normalverteilungen angesehen werden können.

Für den Betrag $|x(t)|$ der stochastischen Variablen x(t) gilt dann die Abschätzung:

$$|x(t)| \leq_{\varepsilon} |\mu(x)| + k \cdot \sigma(x)$$ <3.2.3.4>

mit der Konstanten k:

$$k = \sup\{k_1, k_2\}.$$ <3.2.3.5>

Die Beziehung $\leq_{\varepsilon}$ bedeutet dabei, daß diese nicht exakt gilt, sondern nur mit der Wahrscheinlichkeit

$$P(|x| \leq \underline{x}(\varepsilon)) \geq 1 - \varepsilon$$ <3.2.3.6>

erfüllt wird. Sind der Mittelwert und die Standardabweichung der Verteilungsdichtefunktion p(x(t)) der Größe x(t) bekannt oder können diese abgeschätzt werden, dann läßt sich daraus direkt unter Verwendung einer Konstanten k eine obere Betragsschranke $\underline{x(t)}$ angeben.

Dabei kann k derart bestimmt werden, daß diese Betragsschranke eine absolute obere Betragsgrenze des Wertebereiches einer Variablen x(t) sowie aller Elemente $x_i(t)$ der vektoriellen Größe $X(t)$

$$\underline{|x(t)|} \leq_{\varepsilon} |\mu(x(t))| + k \cdot \sigma(x(t))$$ <3.2.3.7>

$$\underline{|x_i(t)|} \leq_{\varepsilon} |\mu(x_i(t))| + k \cdot \sigma(x_i(t))$$ <3.2.3.8>

ist und gleichzeitig als obere Schranke der Vektornorm $\|X(t)\|$ verstanden werden kann

$$\underline{\|X(t)\|} \leq_{\varepsilon=0} \text{konst} \cdot (|\mu(X)| + k \cdot \sigma(X)).$$ <3.2.3.8>

Daraus folgt, daß die Betragsschranken der Größen $\underline{|x(t)|}$ und $\underline{\|X(t)\|}$ bei bekannten Verteilungsdichtefunktionen p(x) und $p(x_i)$ bis auf eine Konstante k bestimmt sind. Es sollen nun im folgenden Verfahren erläutert werden, welche die Bestimmung dieser Konstanten k ermöglichen.

3.2.3.1 Vertrauensintervall der statistischen Betragsschranke

Es soll zunächst die Berechnung der Konstanten k in <3.2.3.5> für eine Normalverteilung der Zufallsvariablen x(t) dargestellt werden. Anhand der so gewonnenen Ergebnisse soll die Bestimmung dieser Konstanten dann auch auf andere Verteilungen und auf deterministische Signale erweitert werden.

Es sei $X(t)$ ein stochastischer Vektor mit den Elementen $x_i(t)$ und den zugehörigen Verteilungsdichtefunktionen

$$p(x_i) = \frac{1}{\sqrt{2\pi} \cdot \sigma(x_i)} \cdot e^{-\frac{(x_i - \mu(x_i))^2}{2 \cdot \sigma(x_i)^2}} \quad . \qquad \langle 3.2.3.1.1 \rangle$$

Die relative Ereignishäufigkeit $P(\mu\text{-}k\cdot\sigma \le x_i \le \mu\text{+}k\cdot\sigma)$, mit welcher die Werte von $x_i(t)$ in dem Intervall $[\mu\text{-}k\cdot\sigma, \mu\text{+}k\cdot\sigma]$ liegen, kann aus der Verteilungsdichtefunktion zu

$$P(\mu - k \cdot \sigma \le x_i \le \mu + k \cdot \sigma) = \int_{\mu - k \cdot \sigma}^{\mu + k \cdot \sigma} p(x_i) \cdot dx_i \qquad \langle 3.2.3.1.2 \rangle$$

bestimmt werden. Dabei liegen bei der Normalverteilung bekanntlich mehr als 99% aller Ereignisse in dem Intervall $x_i \in \varepsilon\, [\mu\text{-}3\cdot\sigma, \mu\text{+}3\cdot\sigma]$

$$P(\mu - 3 \cdot \sigma \le x_i \le \mu + 3 \cdot \sigma) = \int_{\mu - 3\sigma}^{\mu + 3\sigma} p(x_i) \cdot dx_i = 0.9973 \; . \qquad \langle 3.2.3.1.3 \rangle$$

Der maximale Wert $\underline{|x_i|}$, den eine beliebige Komponente x_i in diesem Intervall annehmen kann, ist

$$\underline{|x_i|} = \sup\{\ |\mu-3\cdot\sigma|\ ,\ |\mu+3\cdot\sigma|\ \} = |\mu|+3\cdot\sigma.$$ <3.2.3.1.4>

Für einen Vektor $X(t)$, dessen Komponenten normalverteilt sind, kann die obere Betragsschranke mit 99,7-prozentiger Sicherheit (ε = 0,003) durch Einsetzen von k=3 in <3.2.3.4> bestimmt werden.

3.2.3.1.1 Statistische Betragsabschätzung beliebig verteilter Größen

Sind die Komponenten $x_i(t)$ des stochastischen Vektors $X(t)$ nicht normalverteilt sondern unterliegen diese in dem Intervall $x_i \in [a,b]$ formell einer Gleichverteilung [KUO70], dann gilt für die Verteilungsdichtefunktion $p(x_i)$

$$p(x_i) = \begin{cases} \frac{1}{b-a} & a \leq x_i \leq b \\ 0 & \text{sonst} \end{cases}$$ <3.2.3.1.1.1>

mit dem Mittelwert $\mu(x_i)$

$$\mu(x_i) = \frac{a+b}{2}$$ <3.2.3.1.1.2>

und der Standardabweichung $\sigma(x_i)$

$$\sigma(x_i) = \frac{b-a}{\sqrt{12}}\ .$$ <3.2.3.1.1.3>

Der maximale Betrag $\underline{|x_i|}$ der Komponente x_i ist

$$\underline{|x_i|} = \sup\{a, b\} \leq_\varepsilon \frac{a+b}{2} + k \cdot \frac{b-a}{\sqrt{12}}\ ,$$ <3.2.3.1.1.4>

woraus sich k zu

$$k(\varepsilon = 0) = \sqrt{3}$$ <3.2.3.1.1.5>

bestimmen läßt. Allgemein gilt für k in Abhängigkeit von ε

$$k(\varepsilon) = (1 - \varepsilon) \cdot \sqrt{3}\ .$$ <3.2.3.1.1.6>

In Bild 3.2.3.1.1.1 wird der Verlauf von k(ε) für verschiedene Werte von ε veranschaulicht.

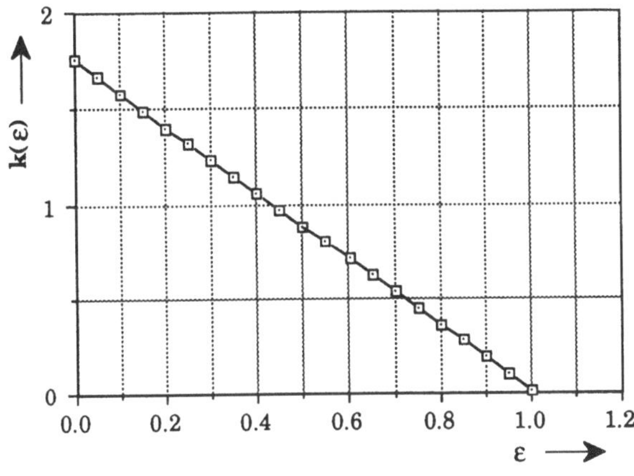

Bild 3.2.3.1.1.1: Darstellung der Funktion k(ε) für gleichverteilte Funktionsgrößen

3.2.3.1.2 Statistische Betragsabschätzung von deterministischen Größen

Abschließend soll noch das Vertrauensintervall einer sinusförmigen Größe ermittelt werden. Bei der statistischen Betragsabschätzung wird angenommen, daß diese Größe stochastischer und nicht deterministischer Natur sei. Es sei

$$f(t) = x(t) = a \cdot \sin(b \cdot t)$$ <3.2.3.1.2.1>

mit

$$0 \le t \le T$$ <3.2.3.1.2.2>

und

$$b \cdot T \gg \pi/2.$$ <3.2.3.1.2.3>

Dann gilt für die Amplitude x(t) die Verteilungsdichtefunktion:

$$p(x(t)) = c \cdot \frac{d}{dx} t(x(t)) = c \cdot \frac{d}{dx} \frac{\arcsin\left(\frac{x(t)}{a}\right)}{b} = \frac{c}{a \cdot b \cdot \sqrt{1 - \left(\frac{x(t)}{a}\right)^2}} \quad .$$ <3.2.3.1.2.4>

Aus der Randbedingung

$$\int_{-a}^{a} p(x(t)) \cdot dt = 1$$ <3.2.3.1.2.5>

folgt die Bestimmungsgleichung für c zu

$$\frac{c \cdot \pi}{4 \cdot b} = 1$$ <3.2.3.1.2.6>

und somit

$$c = \frac{4 \cdot b}{\pi} \quad . \qquad \text{<3.2.3.1.2.7>}$$

Der Mittelwert der Größe x_i ist dann

$$\mu(x(t)) = \int_{-a}^{a} \frac{4 \cdot x(t)}{a \cdot \pi \cdot \sqrt{1 - \left(\frac{x(t)}{a}\right)^2}} \cdot dx(t) = 0 \qquad \text{<3.2.3.1.2.8>}$$

und die Standardabweichung der Größe x_i ist dann

$$\sigma(x(t)) = \sqrt{\int_{-a}^{a} \frac{4 \cdot x^2(t)}{a \cdot \pi \cdot \sqrt{1 - \left(\frac{x(t)}{a}\right)^2}} \cdot dx\,(t)} = \frac{|a|}{\sqrt{2}} \,, \qquad \text{<3.2.3.1.2.9>}$$

woraus sich $k(\varepsilon=0)$ zu

$$k(\varepsilon = 0) = \sqrt{2} \qquad \text{<3.2.3.1.2.10>}$$

ergibt, d.h. wird $k = \sqrt{2}$ gewählt, dann ist die statistische Schranke eine mathematisch exakte Schranke.

Vergleicht man dieses Ergebnis mit <3.2.3.1.1.6> dann erkennt man, daß bei den hier untersuchten, nicht normalverteilten Größen Werte von $k<3$ mathematisch exakte Schranken ergeben, d.h. daß die Annahme, daß diese Größen normalverteilt sind, für $k=3$ ($\varepsilon=.003$) zu exakten Fehlerschranken führt.

Bild 3.2.3.1.2.1 zeigt den Verlauf der Funktion $k(\varepsilon)$ für die statistische Betragsschrankenbestimmung eines diskreten sinusförmigen Eingangssignals. Es soll ferner im folgenden gezeigt werden, daß bei der Untersuchung der Fehlerverkettung in Robotersystemen oftmals der zentrale Grenzwertsatz gültig ist und sich die Verteilung der Ausgangsgröße der Normalverteilung annähert [SLOD65].

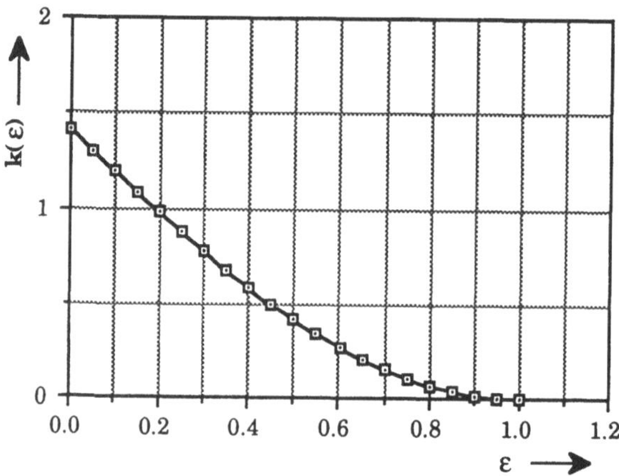

Bild 3.2.3.1.2.1: Darstellung der Funktion k(ε) für einen sinusförmigen Funktionsverlauf

3.2.4 Arithmetische Operationen von Zufallsvariablen

Da in Robotersystemen die einzelnen Teilsysteme miteinander verbunden sind, muß bei der Berechnung einer beliebigen Ausgangsgröße des Systems die arithmetische Verknüpfung von stochastischen Prozessen bestimmt werden. Es sollen daher kurz die wesentlichen Regeln für die Addition und die Multiplikation von stochastischen Prozessen aufgeführt werden [SPRI79].

3.2.4.1 Die Addition von Zufallsvariablen

Die Verteilungsdichtefunktion der Summe bzw. Differenz y zweier unabhängiger Zufallsvariablen x_1 und x_2 kann als Faltungsprodukt dargestellt werden

$$p(y) = \int_{-\infty}^{\infty} p_1(y - x_2) \cdot p_2(x_2) \cdot dx_2 = \int_{-\infty}^{\infty} p_1(x_1) \cdot p_2(y - x_1) \cdot dx_1 \,.$$

<3.2.4.1.1>

Sie kann mittels der Fourier- oder der Laplace-Transformation

$$p(y) = \frac{1}{2 \cdot \pi} \cdot \int_{-\infty}^{\infty} e^{-\sqrt{-1} \cdot y \cdot s} \cdot \prod_{i=1}^{2} L\{p_i(x_i)\} \cdot ds$$ <3.2.4.1.2>

berechnet werden. Insbesondere erhält man für die Summe bzw. Differenz von l statistisch unabhängigen normalverteilten Variablen x_i die Verteilungsdichtefunktion

$$p(y) = \frac{1}{\sqrt{2 \cdot \pi \cdot \sum_{i=1}^{l} \sigma^2(x_i)}} \cdot e^{-\frac{\left(y - \sum_{i=1}^{l} \mu(x_i)\right)^2}{2 \cdot \sum_{i=1}^{l} \sigma^2(x_i)}} ,$$ <3.2.4.1.3>

die ebenfalls eine Normalverteilung mit dem Mittelwert

$$\mu(y) = \sum_{i=1}^{l} \mu(x_i)$$ <3.2.4.1.4>

und der Varianz

$$\sigma^2(y) = \sum_{i=1}^{l} \sigma^2(x_i)$$ <3.2.4.1.5>

ist.

Für die Betragsschranke $\underline{|y|}$ der Summe von l stochastischen Variablen x_i mit beliebigen, verschiedenen Verteilungsdichtefunktionen $p(x_i)$ gilt dann

$$\underline{|y|} \leq_\varepsilon |\mu(y)| + k \cdot \sigma(y) \quad \text{und} \quad \underline{|y|} \leq \sum_{i=1}^{l} \underline{|x_i|} .$$ <3.2.4.1.6>

Insbesondere gilt für die Summe von l statistisch unabhängigen, normalverteilten Größen x_i

$$\underline{|y|} \leq_\varepsilon \left| \sum_{i=1}^{l} \mu(x_i) \right| + k \cdot \sqrt{\sum_{i=1}^{l} \sigma^2(x_i)} \leq \sum_{i=1}^{l} \left(|\mu(x_i)| + k \cdot \sigma(x_i) \right) , \qquad \text{<3.2.4.1.7>}$$

das heißt, daß die Betragsnorm des Ausgangssignals $\underline{|y|}$ immer kleiner als die Summe der Betragsnormen der Eingangssignale $\overline{\underline{|x_i|}}$ ist, wenn mindestens zwei der Eingangssignale eine von Null verschiedene Streuung besitzen und wenn k>0 gewählt wird (Schwarzsche Ungleichung).

3.2.4.2 Die Multiplikation von Zufallsvariablen

Die Verteilungsdichtefunktion des Produktes y zweier unabhängiger Zufallsvariablen x_1 und x_2 kann ebenfalls als Faltungsprodukt dargestellt werden

$$p(y) = \int_{-\infty}^{\infty} \frac{1}{x_1} \cdot \left(p_2^+\left(\frac{y}{x_1}\right) + p_2^-\left(\frac{y}{x_1}\right) \right) \cdot \left(p_1^+(x_1) + p_1^-(x_1) \right) \cdot dx_1 \qquad \text{<3.2.4.2.1>}$$

und kann mittels der Mellin-Transformation berechnet werden, wobei $p_i^+(x_i)$ den positiven, $x_i \geq 0$, und $p_i^-(x_i)$ den negativen Bereich, $x_i \leq 0$, der Verteilungsdichtefunktion $p_i(x_i)$ bezeichnet. In analoger Weise sei $M^+\{p_i(x_i)\}$ die Mellin-Transformation des positiven Wertebereiches und $M^{--}\{p_i(x_i)\}$ die des negativen Wertebereiches der Verteilungsdichtefunktion $p_i(x_i)$. Man erhält damit die Bestimmungsgleichung

$$p^+(y) = \begin{cases} \frac{1}{2 \cdot \pi \cdot \sqrt{-1}} \cdot \oint_C y^{-s} \cdot f^+ \cdot ds & 0 \leq y < \infty \\ 0 & \text{sonst} \end{cases}$$

mit

$$f^{+} = \left(M_s\left\{p_2^{+}(x_2)\right\} \cdot M_s\left\{p_1^{+}(x_1)\right\} + M_s\left\{p_2^{-}(-x_2)\right\} \cdot M_s\left\{p_1^{-}(-x_1)\right\}\right)$$

<3.2.4.2.2>

und

$$p^{-}(y) = \begin{cases} \frac{1}{2 \cdot \pi \cdot \sqrt{-1}} \cdot \oint_C y^{-s} \cdot f^{-} \cdot ds & -\infty \leq y \leq 0 \\ 0 & \text{sonst} \end{cases}$$

mit

$$f^{-} = \left(M_s\left\{p_2^{+}(x_2)\right\} \cdot M_s\left\{p_1^{-}(-x_1)\right\} + M_s\left\{p_2^{-}(-x_2)\right\} \cdot M_s\left\{p_1^{+}(x_1)\right\}\right)$$

<3.2.4.2.3>

und

$$p(y) = p^{+}(y) + p^{-}(y) \quad ,$$ <3.2.4.2.4>

welche in der Regel unter Anwendung des Residuensatzes ausgewertet werden muß.

Insbesondere erhält man für das Produkt y von l statistisch unabhängigen normalverteilten Variablen x_i die Verteilungsdichtefunktion

$$p(y) = g\left(\prod_{i=1}^{l} \mu(x_i) \, , \, \prod_{i=1}^{l} \left(\sigma^2(x_i) + \mu^2(x_i)\right)\right)$$ <3.2.4.2.5>

welche ebenfalls, ähnlich der Normalverteilung, eine symmetrische monomodale Funktion g mit dem Mittelwert

$$\mu(y) = \prod_{i=1}^{l} \mu(x_i)$$ <3.2.4.2.6>

und der Standardabweichung

$$\sigma(y) = \sqrt{\prod_{i=1}^{l}\left(\mu^2(x_i) + \sigma^2(x_i)\right) - \prod_{i=1}^{l}\mu^2(x_i)}$$

<3.2.4.2.7>

ist, die aber enger um den Mittelwert zentriert ist als die entsprechende Normalverteilung von y.

Die Betragsschranke $\underline{|y|}$ dieses Produktes läßt sich dann zu

$$\underline{|y|} = \prod_{i=1}^{l}\underline{|x_i|} \leq_\varepsilon |\mu(y)| + k \cdot \sigma(y)$$

<3.2.4.2.8>

angeben.

Für das Produkt von l statistisch unabhängigen normalverteilten Größen x_i gilt

$$\underline{|y|} \leq_\varepsilon \prod_{i=1}^{l}|\mu(x_i)| + k \cdot \sqrt{\prod_{i=1}^{l}\left(\mu^2(x_i) + \sigma^2(x_i)\right) - \prod_{i=1}^{l}\mu^2(x_i)}$$

$$\leq \prod_{i=1}^{l}\left(|\mu(x_i)| + k \cdot \sigma(x_i)\right) ,$$

<3.2.4.2.9>

d.h. daß die Betragsschranke des Ausgangssignals $\underline{|y|}$ immer kleiner als das Produkt der Betragsschranken der Eingangssignale $\underline{|x_i|}$ ist, wenn mindestens zwei der Eingangssignale eine von Null verschiedene Streuung besitzen und wenn k>0 gewählt wird (Tschebyscheffsche Dreiecksungleichung).

3.2.5 Statistische Betragsschrankenbestimmung eines kameragesteuerten Robotergreifarmes

Die obigen Ergebnisse sollen nun zur vergleichenden Bestimmung der statistischen Betragsschranke des Ausgangssignals des Robotergreifarmes (siehe Bild 3.1.3.2) dienen. Dazu müssen zunächst die Sprungantworten aller Systemblöcke bestimmt und die zugeordneten Verteilungsdichtefunktionen der entsprechenden Ausgangssignale in Abhängigkeit von den zugehörigen Eingangssignalen berechnet werden. Das Sensorsystem wird dabei wiederum als ideal angenommen.

Für einen Eingangssprung

$$x(t) = \begin{cases} x_0 & t \geq 0 \\ 0 & \text{sonst} \end{cases} \qquad \text{<3.2.5.1>}$$

erhält man ein Ausgangssignal analog zu Formel <3.1.3.1.2> (siehe Abschnitt 3.1.3 und Abschnitt 3.1.3.1)

$$y(t) = r_0 \cdot \left(b_4 + b_3 \cdot e^{-c_3 \cdot T} + b_2 \cdot e^{-c_2 \cdot t} + b_1 \cdot e^{-c_1 \cdot t}\right). \qquad \text{<3.2.5.2>}$$

Die Berechnung des Mittelwertes und der Standardabweichung des Ausgangssignals soll in diesem Fall aus dem zeitlichen Verlauf der Funktion y(t) im Intervall $t \in [0,T]$ erfolgen:

$$\mu(y(t)) = \tfrac{1}{T} \cdot \int_0^T y(t) \cdot dt$$

$$= \frac{r_0}{T} \cdot \left(b_4 \cdot T + \frac{b_3}{c_3} \cdot \left(1 - e^{-c_3 \cdot T}\right) + \frac{b_2}{c_2} \cdot \left(1 - e^{-c_2 \cdot T}\right) + \frac{b_1}{c_1} \cdot \left(1 - e^{-c_1 \cdot T}\right)\right)$$

<3.2.5.3>

mit

$$\lim_{T \to \infty} (\mu(y(t))) = r_0 \cdot b_4 . \qquad \text{<3.2.5.4>}$$

Die zeitliche Begrenzung ist in vielen Fällen erforderlich, um bei der Grenzwertbildung endliche numerische Ergebnisse zu erhalten, und sie muß in der Praxis nahezu immer vorgenommen werden. In Robotersystemen, in denen der Bewegungsvorgang repetierend ist und eine einzelne Bewegung daher zeitlich begrenzt ist, ist diese praktische Einschränkung der statistischen Betragsschrankenbestimmung jedoch in der Regel zulässig.

Die Varianz wird ebenfalls direkt aus dem zeitlichen Verlauf des Ausgangssignals berechnet

$$\sigma^2(y(t)) = \frac{1}{T} \cdot \int_0^T y^2(t) \cdot dt - \mu^2(y(t))$$

$$= \frac{b_3^2 \cdot r_0^2}{2 \cdot c_3 \cdot T} \cdot \left(1 - e^{-2 \cdot c_3 \cdot T}\right) + \frac{2 \cdot b_3 \cdot b_2 \cdot r_0^2}{(c_3 + c_2) \cdot T} \cdot \left(1 - e^{-(c_3 + c_2) \cdot T}\right)$$

$$+ \frac{2 \cdot b_3 \cdot b_1 \cdot r_0^2}{(c_3 + c_1) \cdot T} \cdot \left(1 - e^{-(c_3 + c_1) \cdot T}\right) + \frac{2 \cdot b_3 \cdot b_4 \cdot r_0^2}{c_3 \cdot T} \cdot \left(1 - e^{-c_3 \cdot T}\right)$$

$$+ \frac{b_2^2 \cdot r_0^2}{2 \cdot c_2 \cdot T} \cdot \left(1 - e^{-2 \cdot c_2 \cdot T}\right) + \frac{2 \cdot b_2 \cdot b_1 \cdot r_0^2}{(c_2 + c_1) \cdot T} \cdot \left(1 - e^{-(c_2 + c_1) \cdot T}\right)$$

$$+ \frac{2 \cdot b_4 \cdot b_2 \cdot r_0^2}{c_2 \cdot T} \cdot \left(1 - e^{-c_2 \cdot T}\right) + \frac{b_1^2 \cdot r_0^2}{2 \cdot c_1 \cdot T} \cdot \left(1 - e^{-2 \cdot c_1 \cdot T}\right)$$

$$+ \frac{2 \cdot b_4 \cdot b_1 \cdot r_0^2}{c_1 \cdot T} \cdot \left(1 - e^{-c_1 \cdot T}\right) + b_4^2 \cdot r_0^2 - \mu^2(y(t))$$

$$\text{<3.2.5.5>}$$

mit

$$\lim_{T \to \infty} \left(\sigma^2(y(t))\right) = b_4^2 \cdot r_0^2 - \left(\lim_{T \to \infty} (\mu(y(t)))\right)^2 = 0 \ , \qquad \text{<3.2.5.6>}$$

das heißt: für einen genügend langen Bewegungszeitraum nimmt der Ausgangszustand des Systems einen definierten deterministischen Betragswert an, wie das für eine Sprungfunktion auch zu erwarten war.

In Bild 3.2.5.1 wird der Verlauf des aktuellen Ausgangssignals mit der statistischen Betragsschrankenabschätzung verglichen.

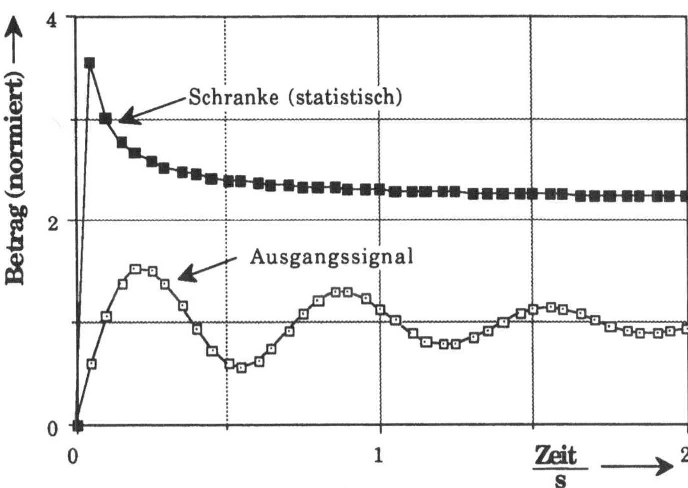

Bild 3.2.5.1: Vergleich der ermittelten und der berechneten Betragsschranke des Robotersystems

Man erkennt deutlich, daß die statistische Betragsschranke für dieses Beispiel eine sehr realistische Abschätzung des Betrages des Ausgangssignals darstellt. In Bild 3.2.5.2 werden die deterministischen Betragsschranken (Abschnitte 3.1.3.1 und 3.1.3.2) und die statistische Betragsschranke noch einmal einander vergleichend gegenüber gestellt. Es ist an diesem Beispiel deutlich zu erkennen, daß die statistische Schranke eine bessere Abschätzung des tatsächlichen Ausgangssignals erlaubt.

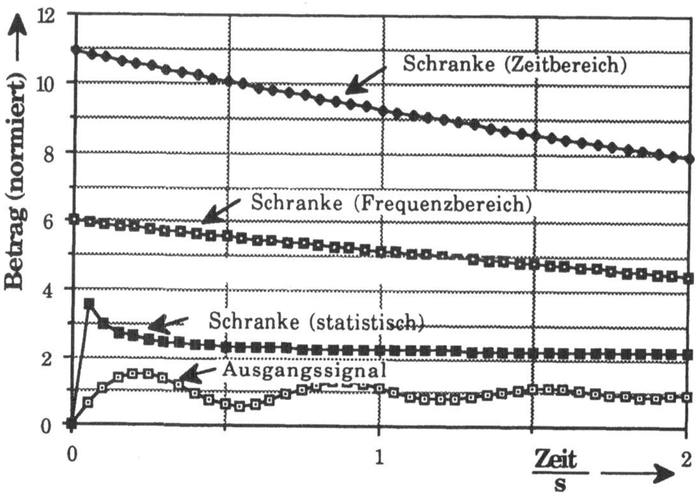

Bild 3.2.5.2: Vergleich der deterministischen und der statistischen Betragsschrankenabschätzung des Robotersystems

Abschließend soll noch einmal der Unterschied zwischen dem statistischen Betragsschrankenkonzept und den klassischen Verfahren der statistischen Betragsabschätzung verdeutlicht werden. Die klassischen Konzepte der statistischen Betragsabschätzung beschreiben nur bestimmte Eingangssignale und Prozesse, z.B. den Rundungsprozeß, mittels statistischer Parameter [BASL85]. Das hier vorgestellte Konzept der statistischen Betragsnorm beschreibt alle Systemkomponenten als stochastische Prozesse.

3.3 Modellsimulation zur Betragsschrankenbestimmung

Eine vergleichende Simulation (siehe Bild 3.3.1) des vollständigen zu untersuchenden Systemmodells ermöglicht grundsätzlich ebenfalls die Bestimmung einer Betragsschranke [HOLL85]. Die Bestimmung einer numerischen Betragsschranke für einen vorgegebenen Betriebsfall ist mit diesem Verfahren auch für komplexe Systeme unter Verwendung geeigneter Simulationsprogramme relativ einfach.

Ein Nachteil dieses Verfahrens ist es, daß die Ergebnisse nur in numerischer und nicht in analytischer Form zur Verfügung stehen. Die Simulation eignet sich daher weniger in Anwendungen, bei denen ein funktionaler Zusammenhang zwischen Eingangsgrößen und den zugeordneten Ausgangsgrößen von Interesse ist, z.B. bei der parameterabhängigen Minimierung solcher Größen.

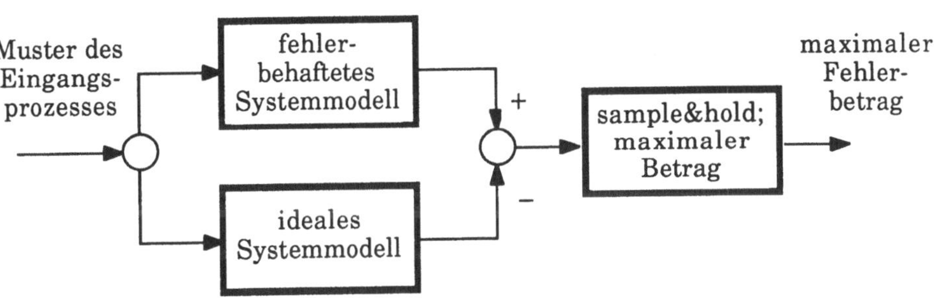

Bild 3.3.1: Darstellung des Verfahrens zur Modellsimulation zur Fehlerschrankenbestimmung

Die Betragsschranken der Modellsimulation sind ferner nur in dem Anwendungsbereich gültig, der durch die Simulation hinreichend genau beschrieben wird. Die Problematik dieses Verfahrens ist es daher, den Simulationsbereich derart zu bestimmen, daß die ermittelten Ergebnisse auch für a priori unbekannte Anwendungsaufgaben des Roboters gültig sind.

Die Betragsschrankenbestimmung stellt in diesem Fall ein Optimierungsproblem dar. Unter vorgegebenen Rand- und Nebenbedingungen soll eine Steuerfunktion $X(\mathrm{t})$ derart bestimmt werden, daß der Betrag des Ausgangszustandes $\underline{Y(\mathrm{t})}$ ein Maximum annimmt [TSYP71]:

$$\underline{\delta Y(\mathrm{t})} = \sup_{X(\mathrm{t}),\, \mathrm{t}} \left(\delta Y(X(\mathrm{t}), \mathrm{t})\right). \qquad \text{<3.3.1>}$$

Mathematisch läßt sich eine Zielfunktion zf mit der Wichtungsmatrix Q beschreiben [TOLL71]

$$zf = -\int_0^{\mathrm{T}} \delta Y(\mathrm{t})^{\mathrm{T}} \cdot Q \cdot \delta Y(\mathrm{t}) \cdot d\mathrm{t} \qquad \text{<3.3.2>}$$

mit den Nebenbedingungen

$$\frac{\partial(\delta Y(\mathrm{t}))}{\partial \mathrm{t}} \cdot (X(\mathrm{t}) - F(\delta Y(X(\mathrm{t})), X(\mathrm{t}), \mathrm{t})) = 0;$$

$$X_{min} \leq X(\mathrm{t}) \leq X_{max};$$

$$Y_{min}(Y(\mathrm{t}), \mathrm{t}) \leq Y(\mathrm{t}) \leq Y_{max}(Y(\mathrm{t}), \mathrm{t});$$

$$\mathrm{T} \leq \mathrm{T}_{max}. \qquad \text{<3.3.3>}$$

Unter Zuhilfenahme von Vektoren Lagrangescher Multiplikatoren λ und γ_i und der Hamiltonischen Funktion $h(Y(t),X(t),t)$

$$
\begin{aligned}
h(\delta Y(Y(t),t), Y(t), X(t), t) = \delta Y(Y(t),t)^T \cdot Q \cdot \delta Y(Y(t),t) \\
+ \lambda^T \cdot (X(t) - F(\delta Y(X(t)), X(t), t)) \\
+ \gamma_1^T \cdot (X(t) - X_{min}) + \gamma_2^T \cdot (X(t) - X_{max}) \\
+ \gamma_3^T \cdot (Y(t) - Y_{min}) + \gamma_4^T \cdot (Y(t) - Y_{max})
\end{aligned}
$$

<3.3.4>

ergibt sich das Optimierungsintegral

$$
zf = \int_0^T h(\delta Y(Y(t),t), Y(t), X(t), t) \cdot dt .
$$

<3.3.5>

Die Betragsschranke wird dann aus der Lösung dieses Optimierungsproblems bestimmt:

$$
\underline{\delta Y(t)} = \lim_{T \to \infty} (zf(Q, T)) .
$$

<3.3.6>

Dabei vereinfacht sich diese Gleichung zu dem oben beschriebenen Optimierungsproblem aus Gleichung <3.3.5>, wenn der Bewegungsablaufszeitraum des Roboters begrenzt und bekannt ist, $T \in [0,T_e]$. Dieses Optimierungsverfahren soll im folgenden eingehender beschrieben werden.

3.3.1 Das Gradientenverfahren nach Bryson und Kelly

Zur Lösung des Optimierungsproblems bieten sich bei der Modellsimulation numerische Verfahren an, besonders dann, wenn das Optimierungsproblem Nebenbedingungen vom Ungleichheitstyp besitzt. Dabei ist zu berücksichtigen, daß bei der Optimierung wiederum Fehler verursacht werden [KRAW75]. Das Gradientenverfahren von Bryson und Kelly erweist sich besonders bei nichtlinearen Systemen wegen seiner guten Konvergenzeigenschaften und einfachen Behandlung von Nebenbedingungen als Parameter als vorteilhaft [EVEL67].

3.3.1.1 Beschreibung des Optimierungsalgorithmus

Das Gradientenverfahren nach Bryson und Kelly soll nun beschrieben werden. Dabei soll die Herleitung des Algorithmus in der zeitdiskreten Darstellung erfolgen. Es sei S ein System mit der Zustandsübergangsgleichung

$$Y(\mathrm{i}+1) = F(Y(\mathrm{i}),X(\mathrm{i}),\mathrm{i}) \ , \qquad <3.3.1.1.1>$$

der Zielfunktion

$$\mathrm{zf} = \mathrm{zf}(Y(\mathrm{k}),\mathrm{k}) \qquad <3.3.1.1.2>$$

und den Randbedingungen

$$R = R(Y(\mathrm{k}),\mathrm{k}) = 0 \ . \qquad <3.3.1.1.3>$$

Die verbale Beschreibung des Algorithmus ist dann wie folgt:

(1) Man wähle eine nominelle Steuerfunktion X(i) und bestimme die zugehörigen Systemausgangszustände Y(i) ausgehend von dem bekannten Anfangszustand Y(0). Diese Folge von Ausgangszuständen wird in

der Regel nicht die gesuchte optimale Lösung sein, bei der die Funktion zf(Y(k),k) ein Maximum annimmt.

(2) Die Systemzustandsgleichungen werden nun um die nominelle Trajektorie linearisiert und die adjungierte Vektorfunktion ausgehend von dem Endzustand Y(k) bestimmt. Anschließend können dann die Sensitivitätsfunktionen entlang dieser Trajektorie bezüglich Veränderungen $\Delta Y(0)$ und $\Delta X(i)$ ermittelt werden. Man bestimme anhand dieser Ergebnisse eine neue nominale Steuerfunktion X(i) derart, daß die Randbedingung $R = 0$ möglichst gut erfüllt wird.

(3) Man wiederhole die Schritte (1) und (2) mit der in (2) ermittelten Steuerfunktion X(i), bis sich keine merkliche Verbesserung des Ergebnisses mehr erzielen läßt.

Dieser Algorithmus soll nun an dem Beispiel des Robotergreifarms veranschaulicht werden (siehe Abschnitt 3.1.3). Es soll hierbei wiederum nur eine einzelne Achse des Roboters betrachtet werden. Der Ausgangszustand $\delta y_j(i)$ läßt sich mittels des in der Systemtheorie üblichen Zustandsgleichungssystems (Anhang A)

$$\delta y_j(i) = V^T \cdot Z_j(i) = \left[v_1 | v_2 | v_3 \right] \cdot Z_j(i) \qquad \text{<3.3.1.1.4>}$$

und

$$Z_j(i+1) = \ddot{U}(i) \cdot Z_j(i) + E(i) \cdot X_j(i) \qquad \text{<3.3.1.1.5>}$$

beschreiben [MEYR79]. Die Zielfunktion zf wird als

$$zf = Z_j(k)^T \cdot V^T \cdot Q \cdot V \cdot Z_j(k) \qquad \text{<3.3.1.1.6>}$$

gewählt. In der obigen Anwendung sollen keine Randbedingungen vorgegeben werden. Als Nebenbedingungen wird außer <3.3.1.1.5> noch

$$|x_j(i)| \leq x_{max} \qquad \text{<3.3.1.1.7>}$$

gefordert, d.h. der Wertebereich des Steuersignals ist bekannt und begrenzt. Im Rahmen dieser Bedingungen soll nun eine Steuersignalsequenz $x_j(i)$ ermittelt werden, welche den maximalen Betragswert der Zielfunktion zf und somit bei geeigneter Wahl der Wichtungsmatrix $\boldsymbol{Q}$, den maximalen Betragswert des Ausgangssignals

$$\underline{|\delta y|} = |\delta y_j(i)|$$
<3.3.1.1.8>

ermittelt.

Es ergibt sich für die Veränderung der Zielfunktion in Abhängigkeit des Steuersignals

$$\Delta zf = \sum_{i=1}^{k} V^T \cdot \gamma^{i-1} \cdot E \cdot \Delta x_j(i) .$$
<3.3.1.1.9>

Der Unterschied des Algorithmus nach Bryson und Kelly im Vergleich mit dem Gradientenverfahren besteht nun darin, daß die Veränderungen $\Delta x_j(i)$ derart bestimmt werden, daß eine minimale Veränderung der Steuerleistung eine maximale Veränderung der Zielfunktion zur Folge hat. Das trägt besonders bei nichtlinearen Systemen dazu bei, daß sich die Änderungen im Gültigkeitsbereich der linearen Approximation bewegen. Zudem wird dadurch die langsame Annäherung in der Nähe des Optimums vermieden, welche bei den Gradientenverfahren normalerweise deutlich zu beobachten ist.

Es wird daher gefordert, daß die Nebenbedingung

$$\Delta\varepsilon^2 = \sum_{i=1}^{k} \Delta x_j(i) \cdot w \cdot \Delta x_j(i)$$
<3.3.1.1.10>

erfüllt wird. Es gilt somit für eine Veränderung der Zielfunktion Δzf die Gleichung

$$\Delta zf = \mu \cdot \Delta\varepsilon^2 + \sum_{i=1}^{k} \left(V^T \cdot \ddot{U}^{\,i-1} \cdot E - \gamma \cdot \Delta x_j(i) \cdot w \right) \cdot \Delta x_j(i) \quad .$$
<3.3.1.1.11>

Man erhält für diesen speziellen Fall mittels

$$\Delta x_j(i) = \frac{\gamma^T \cdot \ddot{U}^{i-1} \cdot E}{2 \cdot w \cdot \gamma^T \cdot \gamma},$$ <3.3.1.1.12>

und

$$\Delta\varepsilon^2 + \sum_{i=1}^{k} E^T \cdot \ddot{U}^{k-i-1^T} \cdot V \cdot \gamma \cdot w \cdot \gamma^T \cdot \ddot{U}^{k-i-1} \cdot E = 0$$ <3.3.1.1.13>

die Bestimmungsgleichung des skalaren Lagrangeschen Multiplikators γ zu

$$\gamma = \sqrt{\frac{\sum_{i=1}^{k}\left(V^T \cdot \ddot{U}^{k-i-1} \cdot E\right)^2}{4 \cdot w \cdot \Delta\varepsilon^2}}.$$ <3.3.1.1.14>

In Bild 3.3.1.1.1 wird der Verlauf des tatsächlich ermittelten Betrages mit der nach dem Verfahren von Bryson und Kelly bestimmten Betragsschranke für das Beispiel des Roboters in Abschnitt 3.1.3 dargestellt. Man kann deutlich die gute Korrelation der Schranke mit dem tatsächlichen Wertebereich erkennen.

Abschließend werden in Bild 3.3.1.1.2 nochmals alle vier in diesem Kapitel beschriebenen Verfahren miteinander verglichen. Man erkennt deutlich, daß das statistische Verfahren die beste Abschätzung liefert und daß sowohl das statistische Verfahren als auch die Simulation den klassischen Verfahren deutlich überlegen sind.

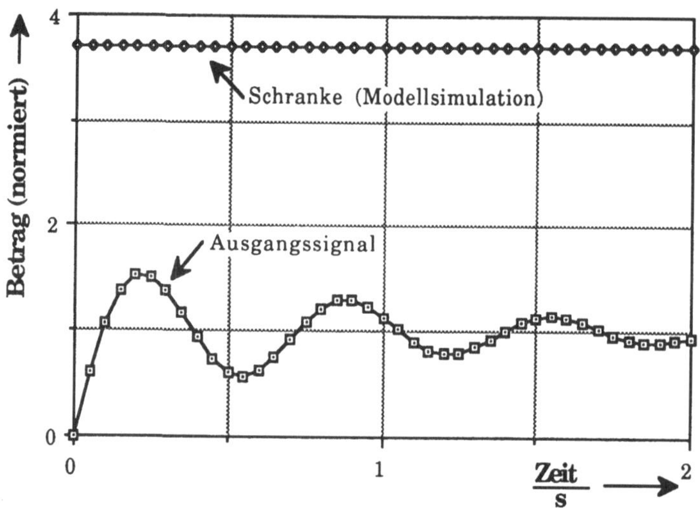

Bild 3.3.1.1.1: Vergleich der tatsächlich ermittelten Betragsschranke des Roboters mit der Abschätzung anhand der Modellsimulation

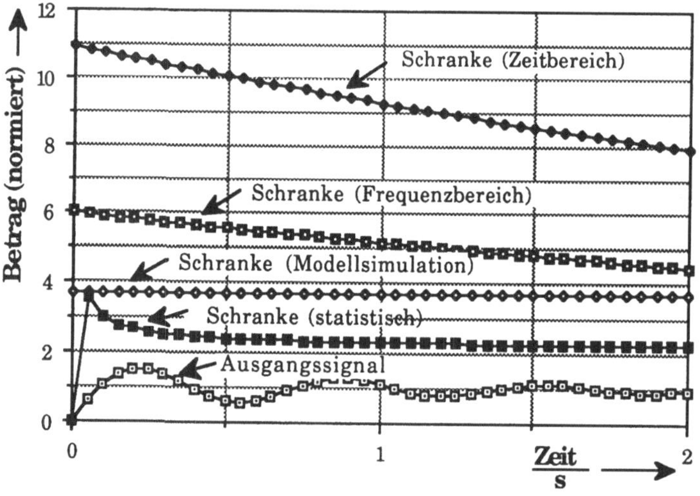

Bild 3.3.1.1.2: Vergleich der Betragsschranken der in diesem Kapitel vorgestellten verschiedenen Verfahren zur Betragsabschätzung

4 Statistische Wertebereichsabschätzung von vektorwertigen Variablen

Obwohl die in Kapitel 3 erarbeiteten Ergebnisse prinzipiell die Berechnung numerischer Schranken in Algorithmen ermöglichen, sollen nun noch einige wichtige zusätzliche Ergebnisse der statistischen Behandlung numerischer Prozesse hergeleitet werden, welche die Abschätzung numerischer Betrags- und Fehlerschranken wesentlich vereinfachen.

Die Ergebnisse der statistischen Betrachtungsweise erlauben allerdings keine prinzipiell bessere Intervallbestimmung des Ergebnisses als deterministische Verfahren [NICK75], wenn sie wie die deterministischen Verfahren eingesetzt werden.

Es soll in diesem Kapitel gezeigt werden, daß sich jedoch erhebliche Verbesserungen gegenüber den klassischen Verfahren erzielen lassen, wenn man die speziellen Ergebnisse der statistischen Betrachtungsweise nutzt und die statistischen Parameter der Ausgangsgrößen direkt abschätzt.

4.1 Wertebereichsabschätzung mittels Vektor- und Matrixnorm

Analog zur Betragsabschätzung der Größe x mittels des Operators des Absolutbetrages $|x|$ im skalaren Bereich können im mehrdimensionalen Vektorraum die Vektor- und die Matrixnorm $||Y||$ zur Wertebereichsabschätzung der Elemente der Matrix (bzw. des Vektors) Y dienen [FADA64]. Da Vektoren als Spezialfälle einer n×m Matrix M mit m=1 angesehen werden können, sollen die folgenden Ausführungen auf Matrizen beschränkt werden.

Mit solchen Normen, mit denen für ein beliebiges Element $x_{i,j}$ der n×m-dimensionalen Matrix X die Ungleichung

$$|x_{i,j}| \leq ||X|| \qquad \text{<4.1.1>}$$

gilt, kann die Berechnung des maximalen Betrages einer Ausgangsgröße erfolgen. Diese Abschätzungen erlauben in der Regel allerdings nur eine unzureichende Einschränkung bei der Bestimmung des Wertebereiches des Ergebnisses. Oftmals erlauben diese Normen überhaupt keine sinnvollen Einschränkungen des Ergebnisses, wie ein einfaches Beispiel zeigt:

Es sei M eine 2×2-Matrix mit

$$M = \begin{bmatrix} 0.8 & 0.5 \\ -0.5 & 0.5 \end{bmatrix} \qquad \text{<4.1.2>}$$

und

$$||M||_2 = 1.3. \qquad \text{<4.1.3>}$$

Es gilt dann die Abschätzung:

$$||M^i||_2 \leq (||M||_2)^i = 1.3^i. \qquad \text{<4.1.4>}$$

Die rechte Seite dieses Ausdrucks ist divergent für $i \to \infty$, wohingegen die aktuelle Norm konvergiert: $||M^i||_2 \to 0$ für $i \to \infty$. Obwohl in diesem Fall die Abschätzung eine exakte obere Schranke darstellt, ist diese Schranke für große i nur von begrenztem Nutzen [SENE84].

Im diesem Beispiel wurde die $||*||_2$ Norm benutzt. Eine Verbesserung der Abschätzung kann oftmals durch eine geeignete Wahl der Matrixnorm $||*||_n$ erzielt werden. In dem obigen Beispiel erhält man mit der Hilbert-Norm, $||M||_H = 0.95877$, eine gegen Null konvergierende und somit wesentlich verbesserte Abschätzung. Die Hilbert-Norm erfüllt im allgemeinen nicht die Voraussetzungen, die in Gleichung <4.1.1> gefordert werden.

Da jede Matrixnorm die Bedingung

$$|\lambda_{i\ max}| \leq ||X|| \qquad \text{<4.1.5>}$$

erfüllt, kann der betragsgrößte Eigenwert $\lambda_{i\ max}$ ebenfalls zur Abschätzung der oberen Betragsschranke des Ergebnisses benutzt werden. Die Hilbert-Norm stellt gemäß der obigen Beziehung die minimale Schranke bei der Betragsabschätzung dar. Zur Bestimmung der minimalen Betragsschranke mittels der Hilbert-Norm ist somit die Berechnung der Eigenwerte des zugrunde liegenden Matrixproduktes $M^T \cdot M$ erforderlich. Die Berechnung von Eigenwerten ist für Matrizen vom Rang $\Re(M) > 3$ in der Regel komplex [ISAA66].

In der Praxis wird man daher zur Betragsabschätzung oftmals eine einfacher zu berechnende Norm vorziehen, wodurch sich in der Regel eine Verschlechterung der Betragsschranken ergibt.

4.2 Wertebereichsabschätzung mittels statistischer Methoden

Es soll nun ein Verfahren vorgestellt werden, welches in vielen Anwendungsfällen eine erhebliche Verbesserung von Bereichsabschätzungen erlaubt und somit im weiteren Verlauf der Arbeit zur Bestimmung sinnvoller Fehlerschranken eingesetzt werden soll.

Obwohl zu erwarten ist, daß die Rundungsfehler, die bei der Berechnung im Echtzeitbetrieb von Matrixoperationen entstehen, durch den Einsatz leistungsfähiger Rechner in der nahen Zukunft an Bedeutung verlieren werden [KULI76], wird man Erfassungs- und Modellfehler auf vorhersehbare Zeit berücksichtigen müssen. Zur Abschätzung aller oben genannten Fehlereinflüsse ist die Betragsabschätzung der Ergebnisse von Matrixoperationen eine unabdingbare Voraussetzung.

Das hier entwickelte Verfahren setzt voraus, daß alle Vektoren und Matrizen voneinander statistisch unabhängig sind. Diese Bedingung soll dabei im weiteren Verlauf der Herleitung des Verfahrens, analog zu den Ausführungen des Abschnitts 3.2, abgeschwächt werden.

Die Elemente $m_{i,j}$ der n×m Matrix M seien eine Folge von Zufallszahlen mit der Verteilungsdichtefunktion $p(m_{i,j})$ und den zugeordneten Momenten $m_k(m_{i,j})$

$$m_k(m_{i,j}) = \int_{-\infty}^{\infty} m_{i,j}^k \cdot p(m_{i,j}) \cdot dm_{i,j} \quad , \tag{4.2.1}$$

insbesondere mit dem Mittelwert

$$\mu(m_{i,j}) = m_1(m_{i,j}) = \sum_{i=1}^{n} \sum_{j=1}^{m} \frac{m_{i,j}}{n \cdot m} \tag{4.2.2}$$

und mit der Varianz

$$\sigma^2(m_{i,j}) = m_2(m_{i,j}) - m_1^2(m_{i,j})$$

$$= \sum_{i=1}^{n} \sum_{j=1}^{m} \frac{m_{i,j}^2}{n \cdot m} - n \cdot m \cdot \mu^2(m_{i,j}) \, . \tag{4.2.3}$$

Die statistische Verteilungsdichtefunktion der Realisierung $R\{m_{i,j}\}$ des unterliegenden Zufallsprozesses kann dabei beliebig sein. Es gelten analog zum Abschnitt 4.2.2 die Regeln der Addition, Subtraktion und der Multiplikation von stochastischen Variablen.

4.2.1 Die Wertebereichsabschätzung bei der Addition von Vektoren und Matrizen

Die obere Betragsschranke für die Elemente $m_{y_{i,j}}$ der Ergebnismatrix M_y ergibt sich bei der Addition (Subtraktion) zweier unabhängiger Matrizen M_1 und M_2 gemäß Gleichung <3.2.4.1.6> aus dem Mittelwert und der Standardabweichung der Verteilungsdichtefunktion $p(m_{y_{i,j}})$. Diese kann aus dem Faltungsprodukt

$$p(m_{y_{i,j}}) = \int_{-\infty}^{\infty} p_1(m_{y_{i,j}} - m_{2_{i,j}}) \cdot p_2(m_{2_{i,j}}) \cdot dm_{2_{i,j}}$$

$$= \int_{-\infty}^{\infty} p_1(m_{1_{i,j}}) \cdot p_2(m_{y_{i,j}} - m_{1_{i,j}}) \cdot dm_{1_{i,j}}$$

<4.2.1.1>

mittels der Fourier- oder der Laplace-Transformation berechnet werden

$$p(m_{y_{i,j}}) = \frac{1}{2\pi} \cdot \int_{-\infty}^{\infty} e^{-\sqrt{-1} \cdot m_{y_{i,j}} \cdot i \cdot j} \cdot \prod_{k=1}^{2} L\{p_k(m_{k_{i,j}})\} \cdot dm_{k_{i,j}} .$$

<4.2.1.2>

Für eine große Anzahl von Additionen und Subtraktionen kann in der Regel nach dem Zentralen Grenzwertsatz angenommen werden, daß sich die resultierende Verteilung einer Normalverteilung nähert. Für diesen Fall erhält man unter der näherungsweisen Voraussetzung, daß die Elemente $m_{z_{i,j}}$ der Ausgangsmatrizen M_z normalverteilt sind, für die Summe bzw. Differenz von l statistisch unabhängigen Matrizen die Verteilungsdichtefunktion

$$p(m_{y_{i,j}}) = \frac{e^{\left(- \frac{\left(m_{y_{i,j}} - \sum_{z=1}^{l} \mu(m_{z_{i,j}})\right)^2}{2 \cdot \sum_{z=1}^{l} \sigma^2(m_{z_{i,j}})} \right)}}{\sqrt{2\pi \cdot \sum_{z=1}^{l} \sigma^2(m_{z_{i,j}})}} ,$$

<4.2.1.3>

welche eine Normalverteilung mit dem Mittelwert

$$\mu(m_{y_{i,j}}) = \sum_{z=1}^{l} \mu(m_{z_{i,j}})$$

<4.2.1.4>

und der Standardabweichung

$$\sigma(m_{y_{i,j}}) = \sqrt{\sum_{z=1}^{l} \sigma^2(m_{z_{i,j}})}$$

<4.2.1.5>

darstellt.

Für die Betragsschranke $\sup\{|m_{y_{i,j}}|\}$ der resultierenden Matrixelemente der Summe $M_y = \sum M_i$ von l stochastischen Matrizen mit beliebigen, verschiedenen Verteilungsdichtefunktionen $p(M_i)$ gilt dann

$$\left|m_{y_{i,j}}\right| \leq_{\varepsilon} \left|\mu(m_{y_{i,j}})\right| + k \cdot \sigma(m_{y_{i,j}})$$

$$\leq \sum_{z=1}^{l} \left(\left|\mu(m_{z_{i,j}})\right| + k \cdot \sigma(m_{z_{i,j}}) \right) .$$

<4.2.1.6>

Insbesondere gilt unter den Annahmen für <4.2.1.3> die Abschätzung der Elemente der Ergebnismatrix $m_{y_{i,j}}$ der Summe von l Matrizen M_z mit den Mittelwerten $\mu(M_z)$ und den Varianzen $\sigma^2(M_z)$

$$\left|m_{y_{i,j}}\right| \leq_{\varepsilon} \sup_{n,m} \left\{ \sum_{z=1}^{l} \left|\mu(m_{i,j})\right| + k \sqrt{\sum_{z=1}^{l} \sigma^2(m_{i,j})} \right\}$$

$$\leq \sup_{n,m} \left\{ \sum_{z=1}^{l} \left(\left|\mu(m_{i,j})\right| + k \cdot \sigma(m_{i,j}) \right) \right\} ,$$

<4.2.1.7>

d.h. daß die direkte Betragsabschätzung der Elemente der Ergebnismatrix M_y immer kleiner ist als die Summe der Betragsabschätzungen der Eingangsmatrizen M_z, wenn mindestens zwei der Eingangsmatrizen eine von Null verschiedene Streuung besitzen und wenn k>0 gewählt wird.

4.2.2 Die Wertebereichsabschätzung bei der Multiplikation von Vektoren und Matrizen

Die Verteilungsdichtefunktion des Produktes M_y (Punktprodukt der Matrixmultiplikation [GOLU89]) zweier unabhängiger Matrizen n×n M_1 und M_2 kann als Faltungsprodukt dargestellt werden:

$$p\left(m_{y_{i,j}}\right) = p\left(\sum_{l=1}^{n} z_{i,j,l}\right) = p\left(\sum_{l=1}^{n} m_{1_{i,l}} \cdot m_{2_{l,j}}\right) \qquad \text{<4.2.2.1>}$$

mit

$$p(m_{z_{i,j,l}}) = \int_{-\infty}^{\infty} \frac{\left(p_1^+\left(m_{1_{i,j}}\right) + p_1^-\left(m_{1_{i,j}}\right)\right) \cdot \left(p_2^+\left(\frac{m_{y_{i,j}}}{m_{1_{i,j}}}\right) + p_2^-\left(\frac{m_{y_{i,j}}}{m_{1_{i,j}}}\right)\right)}{m_{1_{i,j}}} \cdot dm_{1_{i,j}} .$$

$$\text{<4.2.2.2>}$$

Sie kann mittels der Mellin-Transformation berechnet werden, wobei die Funktion $p_i^+(m_{z_{i,j}})$ den positiven, $m_{z_{i,j}} \geq 0$, und die Funktion $p_i^-(m_{z_{i,j}})$ den negativen, $m_{z_{i,j}} \leq 0$, Bereich der Verteilungsdichtefunktion $p_i(m_{z\,i,j})$ bezeichnet (siehe Abschnitt 3.2.4.2).

In analoger Weise sei $M^+\{p_z(x_{z_{i,j}})\}$ die Mellin-Transformation des positiven Wertebereiches und $M^-\{p_z(x_{z_{i,j}})\}$ die Mellin-Transformation des negativen Wertebereiches der Verteilungsdichtefunktion $p_z(x_{z_{i,j}})$ (siehe Abschnitt 3.2.4.2).

Man erhält damit die Bestimmungsgleichungen:

$$p^{+}(m_{z_{i,j,l}}) =$$

$$= \begin{cases} k \cdot \int\limits_{c-\sqrt{-1}\infty}^{c+\sqrt{-1}\infty} m_{y_{i,j}}^{-s} \left(M_s\left\{ p_2^{+}\left(m_{2_{i,j}}\right)\right\} \cdot M_s\left\{ p_1^{+}\left(m_{1_{i,j}}\right)\right\}\right) ds & \\ + k \cdot \int\limits_{c-\sqrt{-1}\infty}^{c+\sqrt{-1}\infty} m_{y_{i,j}}^{-s} \left(M_s\left\{ p_2^{-}\left(-m_{2_{i,j}}\right)\right\} \cdot M_s\left\{ p_1^{-}\left(-m_{1_{i,j}}\right)\right\}\right) ds & -\infty \le m_{y_{i,j}} \le 0 \\ 0 & \text{sonst} \end{cases}$$

<4.2.2.3>

und

$$p^{-}(m_{z_{i,j,l}}) =$$

$$= \begin{cases} k \cdot \int\limits_{c-\sqrt{-1}\infty}^{c+\sqrt{-1}\infty} m_{y_{i,j}}^{-s} \left(M_s\left\{ p_2^{+}\left(m_{2_{i,j}}\right)\right\} \cdot M_s\left\{ p_1^{-}\left(-m_{1_{i,j}}\right)\right\}\right) ds & \\ + k \cdot \int\limits_{c-\sqrt{-1}\infty}^{c+\sqrt{-1}\infty} m_{y_{i,j}}^{-s} \left(M_s\left\{ p_2^{-}\left(-m_{2_{i,j}}\right)\right\} \cdot M_s\left\{ p_1^{+}\left(m_{1_{i,j}}\right)\right\}\right) ds & 0 \le m_{y_{i,j}} \le \infty \\ 0 & \text{sonst} \end{cases}$$

<4.2.2.4>

mit

$$k = \frac{1}{2\pi\sqrt{-1}}$$

<4.2.2.5>

und

$$p(m_{z_{i,j,l}}) = p^{+}(m_{z_{i,j,l}}) + p^{-}(m_{z_{i,j,l}}),$$

<4.2.2.6>

welche in der Regel unter Anwendung des Residuensatzes ausgewertet werden müssen.

Für eine große Anzahl von Multiplikationen und bei einer großen Dimension n der Matrix darf in der Regel nach dem Zentralen Grenzwertsatz angenommen werden, daß sich die resultierende Verteilung des Produktes einer symmetrischen, monomodalen Verteilung nähert, die enger um den Mittelwert zentriert ist als eine entsprechende Normalverteilung.

Diese Annahme ist erlaubt, weil sich gemäß Abschnitt 3.2.4.1 die Verteilungsdichtefunktion der Summe stochastischer Größen einer Normalverteilung nähert und weil sich das Produkt normalverteilter Größen gemäß Abschnitt 3.2.4.2 einer monomodalen, zentrierten Verteilungsdichtefunktion nähert, für welche bei der Addition die Voraussetzungen für die Gültigkeit des zentralen Grenzwertsatzes erfüllt sind.

Für diesen Fall erhält man unter der näherungsweisen Voraussetzung, daß die Elemente $m_{z_{i,j}}$ der Ausgangsmatrizen bzw. der Zwischenprodukte normalverteilt sind, für das Produkt von l statistisch unabhängigen symmetrischen n×n Matrizen die Abschätzung für die Verteilungsdichtefunktion

$$p(m_{y_{i,j}}) = \frac{e^{\left(-\frac{\left(m_{y_{i,j}} - n^{l-1}\cdot \prod_{z=1}^{l} \mu(m_{z_{i,j,l}})\right)^2}{2\cdot n^{l-1}\cdot\left(\prod_{k=1}^{l}\left(\mu^2(m_{z_{i,j,l}}) + \sigma^2(m_{z_{i,j,l}})\right) - \prod_{z=1}^{l}\mu^2(m_{z_{i,j,l}})\right)}\right)}}{\sqrt{2\pi\cdot n^{l-1}\cdot\left(\prod_{k=1}^{l}\left(\mu^2(m_{z_{i,j,l}}) + \sigma^2(m_{z_{i,j,l}})\right) - \prod_{z=1}^{l}\mu^2(m_{z_{i,j,l}})\right)}}, \quad \langle 4.2.2.7\rangle$$

welche eine Normalverteilung mit dem Mittelwert

$$\mu(m_{y_{i,j}}) = n^{l-1}\cdot \prod_{k=1}^{l}\mu(m_{z_{i,j,l}}) \quad \langle 4.2.2.8\rangle$$

und der Standardabweichung

$$\sigma(m_{y_{i,j}}) = \sqrt{n^{l-1} \cdot \left(\prod_{k=1}^{l} \left(\mu^2(m_{z_{i,j,l}}) + \sigma^2(m_{z_{i,j,l}}) \right) - \prod_{z=1}^{l} \mu^2(m_{z_{i,j,l}}) \right)}$$

<4.2.2.9>

darstellt.

Für die Betragsschranke $\sup\{|m_{y_{i,j}}|\}$ der resultierenden Matrixelemente des Produktes M_y von l stochastischen Matrizen M_z mit beliebigen, verschiedenen Verteilungsdichtefunktionen $p(m_{z_{i,j}})$ läßt sich dann ebenfalls eine obere Betragsschranke finden

$$\underline{|m_{y_{i,j}}|} \leq_\varepsilon \left\{ |\mu(m_{y_{i,j}})| + k \cdot \sigma(m_{y_{i,j}}) \right\} \leq \prod_{m=1}^{l} \left(|\mu(m_{z_{i,j,l}})| + k \cdot \sigma(m_{z_{i,j,l}}) \right),$$

<4.2.2.10>

Insbesondere gilt somit als Betragsabschätzung $\sup\{|m_{y_{i,j}}|\}$ der Ergebniselemente $m_{y_{i,j}}$ des Produkts M_y von l normalverteilten Matrizen M_z mit den Mittelwerten $\mu_z = \mu(M_z)$ und den Standardabweichungen $\sigma_z = \sigma(M_z)$

$$\underline{|m_{y_{i,j}}|} \leq_\varepsilon \prod_{m=1}^{l} |\mu(m_{z_{i,j,l}})| + k \cdot \sqrt{\prod_{m=1}^{l} \left(\mu^2(m_{z_{i,j,l}}) + \sigma^2(m_{z_{i,j,l}}) \right) - \prod_{m=1}^{l} |\mu^2(m_{z_{i,j,l}})|}$$

$$\leq \prod_{m=1}^{l} \left(|\mu(m_{z_{i,j,l}})| + k \cdot \sigma(m_{z_{i,j,l}}) \right),$$

<4.2.2.11>

d.h. daß der maximale Betrag der Elemente des Ergebnisses $\sup\{|m_{y_{i,j}}|\}$ immer kleiner ist als das Produkt der Betragsschranken der Elemente der Eingangsmatrizen $\sup\{|m_{z_{i,j}}|\}$, wenn mindestens zwei dieser Matrizen eine von Null verschiedene Streuung besitzen undwenn k>0 gewählt wird (Tschebyscheffsche Dreiecksungleichung).

4.2.3 Abschätzung des Wertebereiches einer Matrixpotenz

Abschließend soll noch ein Beispiel für die Anwendung der statistischen Betragsabschätzung angeführt werden, das die Bedeutung der Ergebnisse in <4.2.1.7> und <4.2.2.10> verdeutlicht. Es soll hierzu die i-te Potenz einer Matrix untersucht werden, ein Problem, welches bei der Stabilitätsuntersuchung von Algorithmen in Robotersystemen von Bedeutung ist [HENR68].

Bei der Matrixpotenz sind die einzelnen Matrizen und Elemente nicht voneinander unabhängig, jedoch kann eine starke Korrelation nur von dominanten Hauptachsenelementen ausgehen. In einem solchen Fall nähert sich die Matrixpotenz einer Diagonalmatrix und es kann gezeigt werden, daß für eine Diagonalmatrix in <4.2.2.10> nur ein Faktor von

$$k = \sqrt{n} \qquad \text{<4.2.3.1>}$$

erforderlich ist. Da die Korrelation jedoch nur maximal zu einer Verdoppelung der Varianz führen kann, gelten die Gleichungen <4.2.2.8> bis <4.2.2.10> immer exakt, wenn

$$\sqrt{n} \geq 2\,, \qquad \text{<4.2.3.2>}$$

d.h. wenn $\sup\{n,m\} \geq 4$ ist.

Ferner folgt aus den Herleitungen der statistischen Betragsabschätzung <3.2.4.1.7> und <3.2.4.2.9>, daß <4.2.2.8> bis <4.2.2.10> aufgrund der Definition des Mittelwertes und der Varianz immer gelten (Summenbetrachtung). Der Einfluß der Korrelation wird im späteren Verlauf dieses Kapitels noch eingehend untersucht und spielt bei der Fehlerberechnung in Systemen eine große Rolle.

Die Abschätzungen von Fehlern werden im weiteren Verlauf der Arbeit unter statistischen Gesichtspunkten durchgeführt, wobei der Faktor k im Hinblick auf die Theorie der normalverteilten Zahlen gewählt wird. Dann darf, wie noch gezeigt wird, die Korrelation nicht mehr vernachlässigt werden.

Es sei M eine stabile 2×2 Matrix

$$M = \begin{bmatrix} 0.8 & 0.5 \\ -0.5 & 0.5 \end{bmatrix} .$$ <4.2.3.3>

Diese spezielle Matrix soll zur Veranschaulichung der hier hergeleiteten Zusammenhänge und Abschätzungen dienen.

Diese Matrix besitzt den Mittelwert

$$\mu(M) = M_1(M) = \sum_{i=1}^{2} \sum_{j=1}^{2} \frac{m_{i,j}}{4} = 0.325$$ <4.2.3.4>

und die Standardabweichung

$$\sigma(M) = \sqrt{\sum_{i=1}^{2} \sum_{j=1}^{2} \frac{m_{i,j}^2}{4} - 4 \cdot 0.325^2} = 0.4918 .$$ <4.2.3.5>

Für die Matrixpotenz M^i ergibt sich daraus mit <4.2.2.8> ein Erwartungswert:

$$\left|\mu\left(M^i\right)\right| = \frac{\left(2 \cdot \left|\mu\left(M^i\right)\right|\right)^i}{2} = \frac{|0.65|^i}{2}$$ <4.2.3.6>

und mit <4.2.2.9> die Standardabweichung

$$\sigma\left(M^i\right) = \sqrt{2\mu^2(M) \cdot \sigma^2(M^{i-1}) + 2\mu^2(M^{i-1}) \cdot \sigma^2(M) + 2\sigma^2(M^{i-1}) \cdot \sigma^2(M)}$$

$$= \sqrt{0.6950 \cdot \sigma^2(M^{i-1}) + 0.4837 \cdot \mu^2(M^{i-1})} .$$ <4.2.3.7>

Da die Streuung der i-ten Potenz der Matrix M eine Funktion sowohl der Streuung als auch des Mittelwertes der (i-1)-ten Potenz der Matrix ist, läßt sich ein analytischer Ausdruck für die Streuung nicht in linearer geschlossener Form angeben.

Wesentlich einfacher ist dahingegen die Bestimmung einer oberen Schranke der Streuung $\sigma(M^i)$, welche sich zu

$$\sigma^2(M^i) \leq \underline{\sigma^2(M^i)} = \frac{\left(1-0.6950^{i+1}\right)}{1-0.6950} \cdot 0.4837 \cdot \sup\left\{\mu^2(M), \mu^2(M^{i-1})\right\}$$

$$= \frac{\left(1-0.6950^{i+1}\right)}{1-0.6950} \cdot 0.0511 = 0.1675 \cdot \left(1-0.6950^{i+1}\right)$$

<4.2.3.8>

ergibt.

Diese Abschätzung erlaubt die Bestimmung einer oberen Schranke der Streuung für beliebige Potenzen der Matrix M, wodurch sich die numerische Auswertung der Gleichungen <4.2.2.8> bis <4.2.2.10> erheblich vereinfachen läßt. Die Gleichung <4.2.3.8> kann außerdem zur Bestimmung einer kontinuierlichen Abschätzung dienen.

In den Bildern 4.2.3.1 und 4.2.3.2 werden der normierte Verlauf der erwarteten und der tatsächlichen Mittelwerte und Standardabweichungen der Matrixpotenz des obigen Beispiels vergleichend dargestellt. Dabei wird festgestellt, daß die theoretisch zu erwartende Streuung erheblich größer als die tatsächlich auftretende Streuung ist. Die nullten Potenzen sind die statistischen Kennwerte der Einheitsmatrix.

Die Abschätzung des Wertebereiches der Matrixelemente (Bild 4.2.3.3) führt für dieses Beispiel zu ähnlich großen Schranken wie die Ergebnisse im Abschnitt 4.1, welche mittels der diskreten Matrixnorm bestimmt wurden, wenngleich für dieses Beispiel bei dem statistischen Verfahren die Konvergenz gewährleistet wird. Zwei wesentliche Faktoren sind hierfür verantwortlich:

1.) Das Konzept der statistischen Behandlung von Matrizen setzt voraus, daß die zu verknüpfenden Matrizen voneinander statistisch unabhängig sind. Diese Voraussetzung ist in diesem Beispiel offensichtlich nicht erfüllt.

2.) Die Verteilung der Matrixelemente hat einen entscheidenden Einfluß auf die Güte der Betragsabschätzung und muß daher bei der Anwendung dieses Verfahrens berücksichtigt werden.

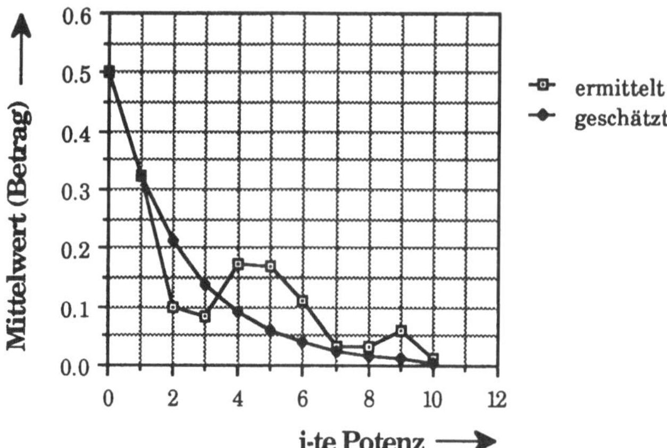

Bild 4.2.3.1: **Vergleich von erwartetem und ermitteltem Mittelwert der i-ten Matrixpotenz**

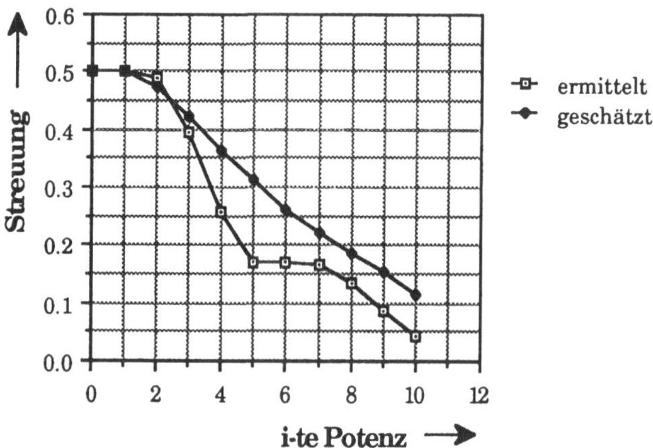

Bild 4.2.3.2: **Vergleich der erwarteten und der ermittelten Standardabweichung der i-ten Matrixpotenz**

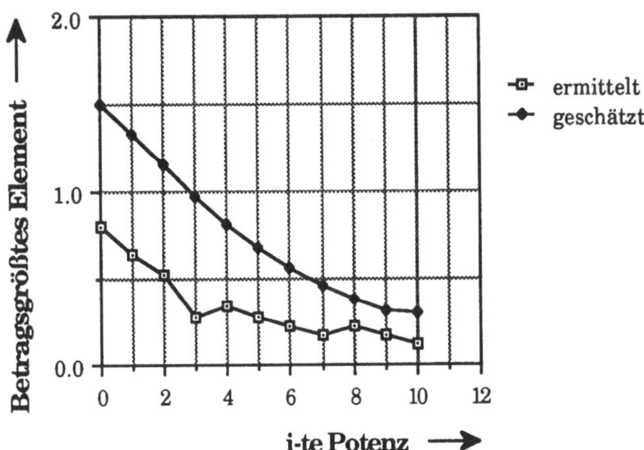

Bild 4.2.3.3: **Vergleich der erwarteten und der ermittelten Wertebereichsabschätzung der Elemente der i-ten Matrixpotenz**

4.3 Berücksichtigung der Autokorrelation bei der statistischen Betragsabschätzung

Anhand des Beispiels des vorigen Abschnitts erkennt man, daß die statistische Betragsabschätzung, ähnlich wie bei den deterministischen Verfahren, oftmals keine nützliche Einschränkung des Wertebereiches einer Variablen zuläßt. Ein Grund dafür ist, daß bei den bisher beschriebenen Verfahren angenommen wird, daß keine Aussage gemacht werden kann, wie sich die einzelnen Betragskomponenten der Ergebnisse aufsummieren und daß daher der ungünstigste Fall angenommen werden muß.

4.3.1 Autokorrelationskoeffizient der Matrixmultiplikation

Es soll nun speziell der Fall der Multiplikation im Hinblick auf eine mögliche Verbesserung der Varianzabschätzung untersucht werden. Es wurde gezeigt, daß die Varianz $\sigma^2(y)$ des Produktes y zweier normalverteilter stochastischer Variablen

$$y = x_1 \cdot x_2 \qquad \text{<4.3.1.1>}$$

durch die Mittelwerte und Varianzen der statistisch unabhängigen Eingangsvariablen x_1 und x_2 beschrieben werden kann:

$$\sigma^2 (y) = \mu^2(x_1)\, \sigma^2(x_2) + \mu^2(x_2)\, \sigma^2(x_1) + \sigma^2(x_1)\, \sigma^2(x_2). \qquad \text{<4.3.1.2>}$$

Die Varianz der Summe l statistisch unabhängiger Produkte ist somit

$$\sigma^2(\Sigma y) = \sum_{z=1}^{l} \sigma^2(y) = l \cdot \sigma^2(y) \; . \qquad \text{<4.3.1.3>}$$

Im Falle der Matrixmultiplikation sind die Produkte y, welche aufsummiert werden, jedoch nicht voneinander statistisch unabhängig, und es ist daher die Korrelation mit zu berücksichtigen.

Die Varianz der Summe Σx_z statistisch abhängiger Variablen x_z ist

$$\sigma^2(\Sigma x_z) = \sum_{z=1}^{l} \left(\sigma^2(x_z) + \sum_{\substack{v=1 \\ v \neq z}}^{l} \operatorname{cov}\{x_z, x_v\} \right) . \qquad \text{<4.3.1.4>}$$

Dabei bezeichnet $\operatorname{cov}(x_z,x_v)$ die Kovarianz der Variablen x_z und x_v.

Im vorliegenden Fall der Matrixpotenz besitzen alle Komponenten die gleiche Varianz $\sigma^2(y)$. Diese Gleichung <4.3.1.4> kann daher normiert werden, wobei die Kovarianzen durch den entsprechenden Kreuzkorrelationskoeffizienten kkk_{zv} ausgedrückt werden können

$$\sigma^2(\Sigma y) = \sigma^2\left(\sum_{z=1}^{1}(x_z)\right)$$

$$= \sum_{z=1}^{1} \sigma^2(x_z) + 2 \cdot \sum_{z=1}^{1} kkk_{z,z+1} \cdot \left(\sigma(x_z) \cdot \sigma(x_{z+1})\right) \qquad \text{<4.3.1.5>}$$

mit

$$kkk_{z,z+1} = kkk = akf\,. \qquad \text{<4.3.1.6>}$$

Zur Bestimmung des Kreuzkorrelationskoeffizienten kkk der Matrixpotenz, welcher zugleich der Autokorrelationskoeffizient akf der Matrix M ist, wird die Varianz des Matrixproduktes $(M_z \cdot M_z)$ bestimmt. Für dieses Matrixprodukt läßt sich dann der Korrelationskoeffizient zu

$$kkk = \frac{\sigma^2(M_z \cdot M_z)}{\sqrt{n \cdot m} \cdot (2 \cdot \mu^2(M_z) \cdot \sigma^2(M_z) + \sigma^4(M_z))} - 1 \qquad \text{<4.3.1.7>}$$

bestimmen.

Dieser Autokorrelationskoeffizient bewertet den Einfluß der statistischen Abhängigkeit der Matrixelemente untereinander und kann zur Korrektur der Ergebnisse der Matrixpotenz benutzt werden.

Die Untersuchungen dieser Arbeit haben ferner gezeigt, daß dieser Autokorrelationskoeffizient generell zur Korrektur der Standardabweichung der Addition

$$\sigma(m_{y_{i,j}}) = \sqrt{\sum_{z=1}^{1} akf \cdot \sigma^2(m_{z_{i,j}})} \qquad \text{<4.3.1.8>}$$

und der Multiplikation

$$\sigma(m_{y_{i,j}}) = \sqrt{\prod_{z=1}^{l}\left(\mu^2(m_{z_{i,j}}) + akf \cdot \sigma^2(m_{z_{i,j}})\right) - \prod_{z=1}^{l}\mu^2(m_{z_{i,j}})} \quad . \qquad \text{<4.3.1.9>}$$

benutzt werden kann.

4.3.2 Vergleich der Ergebnisse

Wird dieses Ergebnis bei der Berechnung der Matrixpotenz (Abschnitt 4.2) verwendet, dann ergibt sich aus <4.2.3.5> die rekursive Bestimmungsgleichung für die Standardabweichung dieser Matrixpotenz

$$\sigma\left(M^{i}\right) = \sqrt{\begin{array}{l} 2\mu^2(M)\cdot k_i \cdot \sigma^2(M^{i-1}) + 2\mu^2(M^{i-1})\cdot k_z \cdot \sigma^2(M) + \\ + 2k_z \cdot k_i \cdot \sigma^2(M^{i-1}) \cdot \sigma^2(M) \end{array}}$$

$$\leq \sqrt{2\mu^2(M)\cdot \sigma^2(M^{i-1}) + 2\mu^2(M^{i-1})\cdot \sigma^2(M) + 2\sigma^2(M^{i-1}) \cdot \sigma^2(M)}$$

$$= \sqrt{0.3633 \cdot \sigma^2(M^{i-1}) + 0.0748 \cdot \mu^2(M^{i-1})}\,.$$

$$\sigma\left(M^{i}\right) \underline{\leq \sigma\left(M^{i}\right)} = \sqrt{\frac{\left(1-0.3633^{i+1}\right)}{1-0.3633} \cdot 0.0748 \cdot \sup\left\{\mu^2(M), \mu^2\left(M^{i-1}\right)\right\}}$$

$$= \sqrt{\frac{\left(1-0.3633^{i+1}\right)}{1-0.3633} \cdot 0.0079} = \sqrt{0.0124 \cdot \left(1-0.6950^{i+1}\right)} \qquad \text{<4.3.3.1>}$$

mit

$$k_z = 0.1546. \qquad \text{<4.3.3.2>}$$

In Bild 4.3.3.1 wird der normierte Verlauf der nach <4.3.3.1> erwarteten und der tatsächlich ermittelten Standardabweichung der Matrixpotenz des obigen Beispiels unter Berücksichtigung der Matrixautokorrelation dargestellt. Man kann eine deutliche Verbesserung der Abschätzung feststellen.

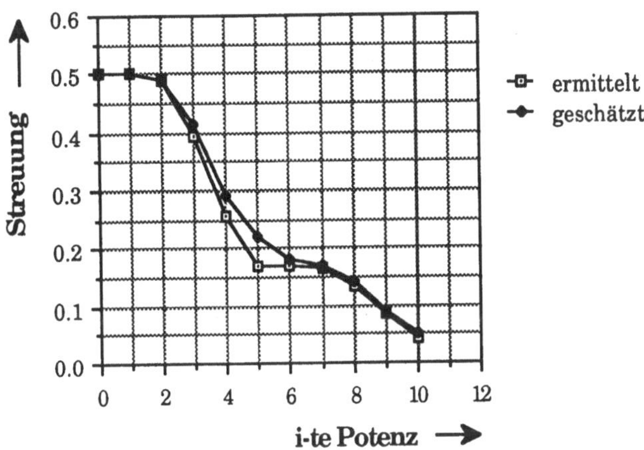

Bild 4.3.3.1: Vergleich der berechneten und der ermittelten Standardabweichung der i-ten Matrixpotenz unter Berücksichtigung der Autokorrelation

In Bild 4.3.3.2 wird die Abschätzung des betragsgrößten Matrixelementes unter Berücksichtigung der Matrixautokorrelation mit der Abschätzung gemäß <4.2.3.5> und den tatsächlich ermittelten Werten verglichen. Wiederum ist eine erhebliche Verbesserung der Betragsabschätzung unter Berücksichtigung der Matrixautokorrelation zu erkennen.

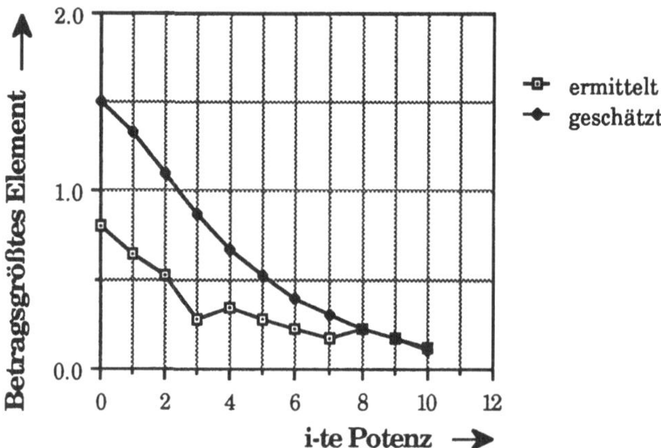

Bild 4.3.3.2: **Vergleich der berechneten und der ermittelten Wertebereiche des betragsgrößten Matrixelementes der i-ten Matrixpotenz unter Berücksichtigung der Autokorrelation**

4.4 Die Definition der statistischen Matrixnorm

Es kann nun analog zum deterministischen Fall eine Norm für den statistischen Fall definiert und bewiesen werden [WERN70].

Es sei $||M||_1$ die Norm der n×n Matrix M mit

$$\|M\|_1 = \sup_j \left\{ \sum_{i=1}^{n} |m_{i,j}| \right\} . \qquad \text{<4.4.1>}$$

Unabhängig von der statistischen Verteilung der Matrixelemente $m_{i,j}$ gilt dann

$$|m_{i,j}| \le |\mu(M)| + n \cdot \sigma(M) \qquad \text{<4.4.2>}$$

und ferner für die Norm

$$\|M\|_1 \leq n\,|\mu(M)| + n^2 \cdot \sigma(M)\ .$$ <4.4.3>

Sind der Mittelwert und die Standardabweichung der Verteilungsdichtefunktion der Elemente einer beliebigen Matrix M bekannt, dann läßt sich mittels der obigen Beziehung eine obere Schranke für die Matrixnorm angeben. Mit dem Ansatz der Normalverteilung der einzelnen Matrixelemente läßt sich diese Schranke unter Zuhilfenahme von Vertrauensintervallen, die gemäß den Grundsätzen der Theorie der normalverteilten Zahlen bestimmt werden, weiter verbessern.

Es soll nun die Bedeutung dieser Abschätzung in Bezug auf die Gültigkeit der Existenzbedingungen einer statistischen Norm untersucht werden. Dazu werden die Axiome untersucht, die eine Norm erfüllen muß:

1.) $\|M\|_1 > 0$, für $M \neq 0$ <4.4.4>

ist offensichtlich erfüllt, da für eine Matrix, welche keine Nullmatrix ist, entweder $\mu(M)$ oder $\sigma(M)$ von Null verschieden sind, wie aus der Definition der Momente direkt folgt.

2.) $\|k\,M\|_1 = |k| \cdot \|M\|_1$ <4.4.5>

folgt wiederum direkt aus der Definition des Mittelwertes und der Standardabweichung.

3.) $\|M_1 + M_2\|_1 \leq \|M_1\|_1 + \|M_2\|_1\ .$ <4.4.6>

Setzt man den Mittelwert und die Standardabweichung der Matrixsumme der Matrizen M_1 und M_2 in die obige Ungleichung ein, dann erhält man die folgenden Beziehungen:

$$|\mu(M_1+M_2)| = |\mu(M_1) + \mu(M_2)| \leq |\mu(M_1)| + |\mu(M_2)|$$ <4.4.7>

und

$$\sigma(M_1 + M_2) = \sqrt{\sigma^2(M_1) + \sigma^2(M_2) + \operatorname{cov}(M_1 + M_2)} \leq \sigma(M_1) + \sigma(M_2)\ .$$

<4.4.8>

Diese Bedingungen werden von der statistischen Matrixnorm erfüllt. Es läßt sich in der Regel eine Verbesserung der Abschätzung der Norm der Matrixsumme dadurch erzielen, daß die Standardabweichung der Matrixsumme direkt zur Abschätzung der Norm verwendet wird. Die statistische Methode führt somit theoretisch zu einer kleineren Betragsschranke im Vergleich zu dem Ergebnis der deterministischen Normmethode, wenn die Momente der Addition von Matrizen bei dem statistischen Verfahren direkt bestimmt werden und daraus die statistische Norm berechnet wird.

4.) $||M_1 \cdot M_2||_1 \leq ||M_1||_1 \cdot ||M_2||_1$, <4.4.9>

wobei die Multiplikation als Punktprodukt verstanden wird. Setzt man wiederum den Mittelwert und die Standardabweichung der Matrixsumme der Matrizen M_1 und M_2 in die obige Ungleichung ein, dann erhält man unter Berücksichtigung von <4.2.2.8> und <4.2.2.9> die folgenden Beziehungen:

$$n \cdot |\mu(M_1\, M_2)| = n^2 \cdot |\mu(M_1) \cdot \mu(M_2)| = n^2 \cdot |\mu(M_1)| \cdot |\mu(M_2)| \qquad \text{<4.4.10>}$$

und

$$n^2 \cdot \sigma(M_1 \cdot M_2) =$$

$$= n^2 \cdot \sqrt{n \cdot \left(\mu^2(M_1) \cdot \sigma^2(M_2) + \mu^2(M_2) \cdot \sigma^2(M_1) + \sigma^2(M_1) \cdot \sigma^2(M_2)\right)}$$

$$\leq n^3 \cdot \left(|\mu(M_1)| \cdot \sigma(M_2) + |\mu(M_2)| \cdot \sigma(M_1) + n \cdot \sigma(M_1) \cdot \sigma(M_2)\right) .$$

<4.4.11>

Dieses Ergebnis zeigt wiederum deutlich, daß die direkte Bestimmung der statistischen Parameter der Ergebnismatrix eine Reduktion der Betragsschrankenabschätzung im Vergleich zur deterministischen Matrixnorm zur Folge hat (Tschebyscheffsche Dreiecksungleichung).

In Bild 4.4.1 wird der Verlauf der berechneten statistischen Matrixnorm mit der ermittelten Matrixnorm der i-ten Matrixpotenz verglichen. Obwohl sich eine zufriedenstellende Korrelation der Ergebnisse zeigt, weist die statistische Matrixnorm eine schlechtere Konvergenz als das tatsächliche Ergebnis auf.

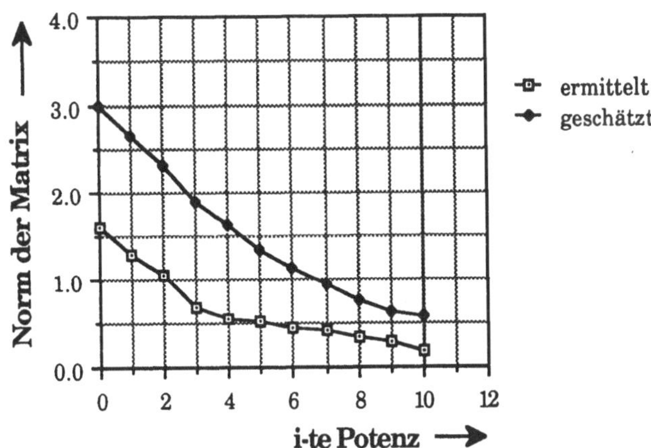

Bild 4.4.1: Vergleich der berechneten statistischen Matrixnorm und der ermittelten Matrixnorm der i-ten Matrixpotenz

4.4.1 Berücksichtigung der Autokorrelation bei der Definition der statistischen Matrixnorm

Die statistische Matrixnorm wurde ausgehend von der Beziehung in Gleichung <4.4.3> definiert, welche immer exakt gilt. In Abschnitt <4.3> wurde gezeigt, daß unter Berücksichtigung der Autokorrelation eine bessere Betragsabschätzung erzielt werden kann.

Es liegt daher nahe, den Autokorrelationskoeffizienten akf(M) der Matrix M (siehe Abschnitt 4.3, Gleichung <4.3.1.7>) mit in die Definition der statistischen Matrixnorm einzubeziehen:

$$||M||_{stat} \leq n \, |\mu(M)| + n^2 \cdot k(M) \cdot \sigma(M) \,.$$ <4.4.1.1>

In Bild 4.4.1.1 wird der Verlauf der i-ten Potenz der statistisch berechneten Matrixnorm mit dem aktuellen Verlauf der Matrixnorm verglichen. Die Verbesserung der Betragsabschätzung unter Berücksichtigung der Autokorrelation gegenüber Bild 4.4.1 ist dabei deutlich zu erkennen.

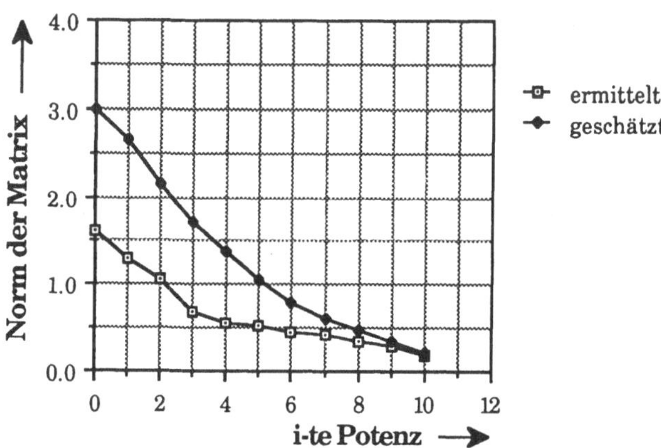

Bild 4.4.1.1: Vergleich der berechneten statistischen Matrixnorm und der ermittelten Matrixnorm der i-ten Matrixpotenz unter Berücksichtigung der Autokorrelation

5 Fehlerschrankenbestimmung des Roboterverhaltens

Anhand der Ergebnisse der Kapitel 3 und 4 soll nun das Fehlerverhalten eines kameragesteuerten Robotersystems analysiert werden. Dabei soll zunächst der Einfluß bestimmt werden, den einzelne Systemkomponenten auf das gesamte Systemverhalten des Roboters ausüben.

Anschließend sollen die Bestimmungsgleichungen des Systemfehlers dazu benutzt werden, Optimierungsstrategien zu bestimmen, welche bei vorgegebenen Systemkomponenten das gesamte Fehlerverhalten des Roboters minimieren [SHOU84]. Die Fehlerabschätzungen sollen hierbei sowohl mittels der statistischen Matrixnorm, als auch durch alternative Verfahren, wie z.B. der Modellsimulation, erfolgen.

5.1 Modelltransformation des kameragesteuerten Roboters

Das Blockschaltbild des kameragesteuerten Roboters (Bild 5.1.1) ist in Bild 5.1.2 dargestellt.

Zur Veranschaulichung der Untersuchungen verschiedener Fehlerquellen sollen die folgenden Annahmen dienen:

- Der Greifarm G sowie alle Verbindungen und Gelenke sind ideale starre Komponenten, oder sie dürfen als solche angesehen werden.
- Die Auflösung r_i der Lagegeber L_i ($r_i = r(L_i)$) ist eine einfache Konstante und ist unabhängig von der Position des Robotergreifarms oder von anderen Umwelteinflüssen.
- Sowohl die horizontale Auflösung r_h als auch die vertikale Auflösung r_v der Kamera sind über die Bildfläche konstant. Ferner unterliegt die Projektion des Werkstückes keiner Verzerrung aufgrund der Optik.

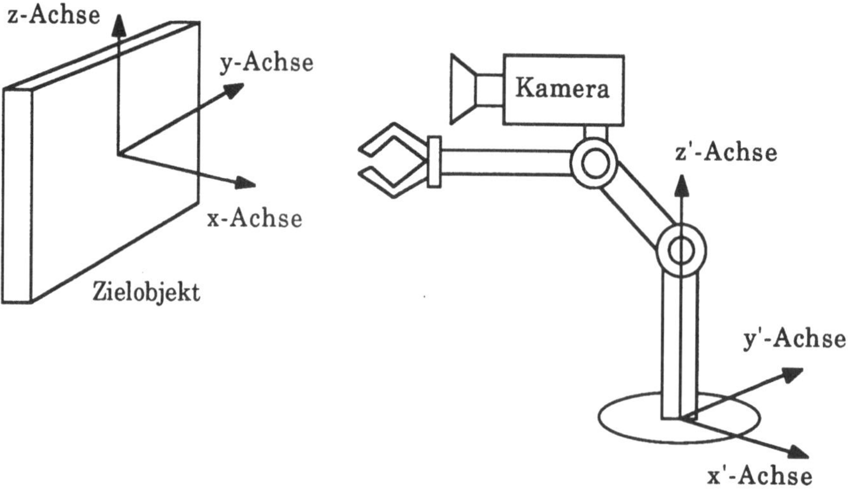

Bild 5.1.1: Aufbau eines kameragesteuerten Roboters

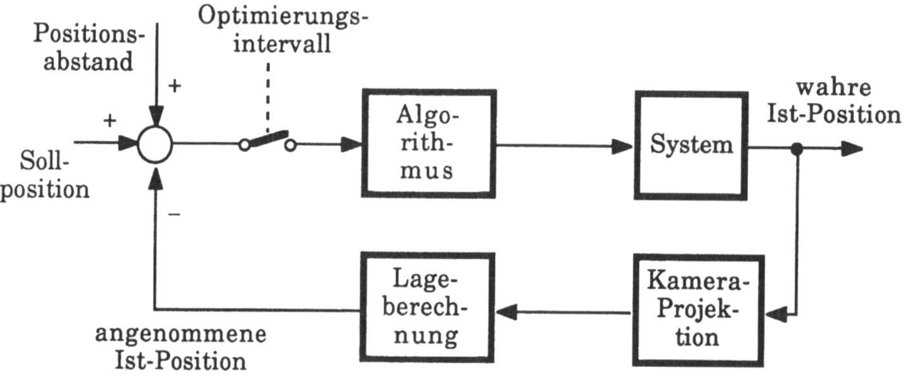

Bild 5.1.2: Blockschaltbild des kameragesteuerten Roboters

- Die Regelkreise sind stabil und voneinander unabhängig. Sie können mit hinreichender Genauigkeit als Systeme zweiter Ordnung beschrieben werden.

Unter diesen Annahmen soll nun die Modelltransformation der einzelnen Systemblöcke erfolgen.

5.1.1 Die Modelltransformation des Steuerungsmechanismus

In diesem Beispiel besteht die Robotersteuerung aus zwei Komponenten (siehe Bild 5.1.2): dem Optimierungsalgorithmus und der Regelstrecke. Die Modelltransformation soll nun für diese Komponenten durchgeführt werden. Es soll im Ansatz auch die Fehlerbestimmung einer Koordinatentransformation aufgeführt werden, wie sie in der Praxis meistens anstehen wird. Diese soll jedoch nicht in die numerische Behandlung des Roboters mit einbezogen werden, da sich hieraus keine grundsätzlich neuen Erkenntnisse ergeben und die Berechnungen durch die Einführung weiterer Terme zudem wesentlich unübersichtlicher werden. Deshalb wird in dieser Arbeit ein dreiachsiger kartesischer Roboter untersucht.

5.1.1.1 Die Modelltransformation des Optimierungsalgorithmus

Zur Optimierung des Bewegungsablaufes des Roboters wird die klassische Matrix-Ricatti-Lösung zur Minimierung einer Zielfunktion unter vorgegebenen Rand- und Nebenbedingungen angewendet. Da die Bewegungssteuerung des Roboters mittels eines Leitrechners erfolgt, wird die Matrix-Ricatti-Lösung in der zeitdiskreten Darstellungsform gewählt. Dieses Verfahren soll im folgenden Abschnitt kurz beschrieben werden [KALA83].

5.1.1.1.1 Die Optimierung mittels der zeitdiskreten Matrix-Ricatti-Lösung

In Abschnitt 3.3 wurde gezeigt, daß für jeden Prozeß, für den sich ein Gütemaß angeben läßt, in einem vorgegebenen Operationsraum das Gütemaß mindestens ein Maximum annimmt. Wird der Prozeß derart gesteuert, daß die Gütefunktion des Prozesses für diese Bewegung gleich dem maximalen Extremwert des zulässigen Operationsraumes ist, dann bezeichnet man diesen Prozeß als optimal unter den vorgegebenen Rand- und Nebenbedingungen.

Bei dem vorliegenden Roboter soll der Bewegungsablauf derart erfolgen, daß ein vorgegebener, idealer Bewegungsablauf bei begrenzter Steuerleistung möglichst genau eingehalten wird. Es wird daher eine Zielfunktion zf (siehe Abschnitt 3.3)

$$zf = h_T(T) + \int_0^{\infty} h_t(t) \cdot dt \qquad \text{<5.1.1.1.1.1>}$$

mit

$$h_t(t) = (R(t) - Y(t))^T \cdot Q(t) \cdot (R(t) - Y(t)) + S(t)^T \cdot P(t) \cdot S(t) + \lambda^T(t) \cdot F\ (Y(t), S(t)) \qquad \text{<5.1.1.1.1.2>}$$

und

$$h_T(T) = (R(T) - Y(T))^T \cdot Q(T) \cdot (R(T) - Y(T)) + S(T)^T \cdot P(T) \cdot S(T) + \lambda^T(T) \cdot F\ (Y(T), S(T)) \qquad \text{<5.1.1.1.1.3>}$$

definiert, wobei $R(t)$ der gewünschte, vorgegebene Bewegungsablauf und $Y(t)$ der resultierende Bewegungsablauf des Roboters sind. $S(t)$ ist der Steuervektor des Roboters. $F(Y(t), S(t))$ ist ein Vektor von Nebenbedingungen und $Q(t)$ und $P(t)$ sind Wichtungsmatrizen, welche die Güte der Regelungsabweichung und die Steuerenergie bewerten. Die Funktion h(t) ist die Hamiltonische Funktion (siehe Abschnitt 3.3).

In der zeitdiskreten Form mit dem Intervall δt und der Größe i

$$t = i \cdot \delta t, \; i \in [\, 1, 2, \dots , k \,] \text{ und } k \cdot \delta t = T \qquad \text{<5.1.1.1.1.4>}$$

ergibt sich in der in der Systemtheorie üblichen Darstellungsweise [MEYR79] die Zielfunktion zf zu

$$zf = h_T(k) + \sum_{i=0}^{k-1} h_t(i) \qquad \text{<5.1.1.1.1.5>}$$

mit

$$h_t(i) = (R(i) - Y(i))^T \cdot Q(i) \cdot (R(i) - Y(i)) + S(i)^T \cdot P(i) \cdot S(i)$$

$$+ \lambda^T(i) \cdot F \;(Y(i), S(i)), \qquad \text{<5.1.1.1.1.6>}$$

und

$$h_T(k) = (R(k) - Y(k))^T \cdot Q(k) \cdot (R(k) - Y(k)) + \lambda^T(k) \cdot F(Y(k)) \cdot S(k-1) \, . \qquad \text{<5.1.1.1.1.7>}$$

In Robotern können die Nebenbedingungen meistens durch Systemzustandsübergangsgleichungen ausgedrückt oder angenähert werden:

$$F(Y(i+1), S(i)) = Y(i+1) - Ü_{ber}(i) \cdot Y(i) - E_{in}(i) \cdot S(i) \overset{!}{=} 0 \qquad \text{<5.1.1.1.1.8>}$$

und

$$F(Y(k), S(k-1)) = Y(k) - \ddot{U}_{ber}(k-1) \cdot Y(k-1) - E_{in}(k-1) \cdot S(k-1) \stackrel{!}{=} 0 \, .$$

<5.1.1.1.1.9>

In diesem Fall kann für symmetrische Wichtungsmatrizen Q(i) und P(i) die Optimierung mittels der Variationen δX(i) erster Ordnung erfolgen:

$$\frac{dh(i)}{dS_i} = 0 = 2 \cdot P\,(i) \cdot S\,(i) - E_{in}^T(i) \cdot \lambda \;\Rightarrow S\,(i) = \frac{P\,(i)^{-1} \cdot E_{in}^T(i) \cdot \lambda}{2}$$

<5.1.1.1.1.10>

und

$$\frac{dh(i)}{dY\,(i)} = 0 = -2 \cdot Q\,(i) \cdot (R\,(i) - Y\,(i)) + \lambda(i-1) - \ddot{U}_{ber}^T(i) \cdot \lambda(i) \, .$$

<5.1.1.1.1.11>

Faßt man die Vektoren Y(i) und λ(i) in einem neuen Vektor Z(i)

$$Z^T(i) = \left[\, Y^T(i) \,\middle|\, \lambda^T(i) \,\right]$$ <5.1.1.1.1.12>

zusammen, dann läßt sich die Lösung in Form einer Matrixgleichung

$$Z^T(i+1) = V\,(i) \cdot Z^T(i) + W\,(i) \cdot R\,(i)$$ <5.1.1.1.1.13>

mit

$$v_{1,1}(i) = \ddot{U}_{ber}(i)$$

$$v_{1,2}(i) = \frac{E_{in}^T(i) \cdot P^{-1}(i) \cdot E_{in}(i-1)}{2}$$

$$v_{2,1}(i) = 2 \cdot {\ddot{U}_{ber}^{-1}}^{T}(i+1) \cdot Q(i) \cdot \ddot{U}_{ber}(i)$$

$$v_{2,2}(i) = {\ddot{U}_{ber}^{-1}}^{T}(i+1) \cdot (E + Q(i+1)) \cdot E_{in}^{T}(i) \cdot P^{-1}(i) \cdot E_{in}^{T}(i-1)$$

$$w_1(i) = 0$$

$$w_2(i) = -2 \cdot \ddot{U}_{ber}^{-T}(i+1) \cdot Q\ (i+1)$$

<5.1.1.1.1.14>

darstellen. Da sowohl die Randwerte $Y(0)$, als auch $\lambda(k)=0$ bekannt sind, ergibt sich bei der Lösung dieser Gleichung das bekannte Zweirandwertproblem.

Zur Lösung [KALA83] lassen sich die unbekannten Anfangs- $\lambda(0)$ und Endzustände $Y(k)$ aus der Gleichung

$$Z(k) = G(k) \cdot Z(0) + P(k)$$ <5.1.1.1.1.15>

mit

$$G(i) = \prod_{j=0}^{i-1} V(j)$$ <5.1.1.1.1.16>

und

$$P(i) = \sum_{j=0}^{i-1} G(j) \cdot W(j) \cdot R(j)$$ <5.1.1.1.1.17>

bestimmen. Wird diese Gleichung nach den unbekannten Größen $\lambda(0)$ und $Y(k)$ aufgelöst, dann erhält man die Bestimmungsgleichungen:

$$\lambda(0) = -g_{2,2}^{-1}(k) \cdot \left(p_2(k) + g_{2,1}(k) \cdot Y(0)\right)$$ <5.1.1.1.1.18>

und

$$Y(\mathrm{k}) = \left(g_{1,1}(\mathrm{k}) - g_{1,2}(\mathrm{k}) \cdot g_{2,2}(\mathrm{k}) \cdot g_{2,1}(\mathrm{k}) \right) \cdot Y(0)$$

$$- g_{1,2}(\mathrm{k}) \cdot g_{2,2}(\mathrm{k}) \cdot p_2(\mathrm{k}) + p_1(\mathrm{k}) \ . \qquad \text{<5.1.1.1.1.19>}$$

Da die Matrix V(i) für ein stabiles System im allgemeinen gute Konvergenzeigenschaften besitzt und somit die Untermatrizen $v_{\mathrm{j,k}}(\mathrm{i})$ gegen Null streben, kann die direkte numerische Lösung meistens nicht gefunden werden.

Zur Lösung wird daher angenommen, daß λ(i) als Funktion der Zustandsvariablen Y(i), einer Matrix K(i) und eines Vektors M(i) ausgedrückt werden kann:

$$\lambda(\mathrm{i}) = K(\mathrm{i}) \cdot Y(\mathrm{i}) + M(\mathrm{i}). \qquad \text{<5.1.1.1.1.20>}$$

Für die Matrix K(i) und den Vektor M(i) gelten die Bestimmungsgleichungen:

$$K(\mathrm{i}) = \left(K(\mathrm{i}+1) \cdot v_{1,2} - v_{2,2} \right)^{-1} \cdot \left(v_{2,1} - K(\mathrm{i}+1) \cdot v_{1,1} \right)$$

$$M(\mathrm{i}) = \left(K(\mathrm{i}+1) \cdot v_{1,2} - v_{2,2} \right)^{-1} \cdot \left(w_2(\mathrm{i}) \cdot R(\mathrm{i}+1) - M(\mathrm{i}+1) \right) \ .$$

<5.1.1.1.1.21>

Diese Gleichungen sind Lösungen von Differenzialgleichungen des Typs der Matrix-Ricatti-Gleichung und werden deshalb in der Literatur als diskrete Matrix-Ricatti-Gleichungen bezeichnet. Ausgehend vom Endzustand

$$\lambda(\mathrm{k})=0 \qquad \text{<5.1.1.1.1.22>}$$

lassen sich die Startwerte der Matrixsequenz K(i) und der Vektorsequenz M(i) zu

$$K(\mathrm{k}) = 0 \quad \text{und} \quad M(\mathrm{k}) = 0$$ <5.1.1.1.1.23>

bestimmen.

Anhand der Sequenzen K(i) und S(i) läßt sich dann aus <5.1.1.1.1.20> λ(i) rekursiv berechnen. Der optimale Steuersignalvektor S(i) läßt sich daraus unter Verwendung von <5.1.1.1.1.10> bestimmen.

Die Matrix-Ricatti-Gleichung zeichnet sich durch gute Konvergenzeigenschaften aus und konvergiert normalerweise nach 2·n bis 3·n Iterationsschritten [TOLL71].

5.1.1.1.2 Fehlerschrankenmodell des Optimierungsalgorithmus

Zur Bestimmung der Fehlerschranke des Algorithmus werden in den Gleichungen <5.1.1.1.1.21> die Matrix K(i) und der Vektor M(i) durch ihre entsprechenden Fehleräquivalente $K(\mathrm{i})+\delta K(\mathrm{i})$ und $M(\mathrm{i})+\delta M(\mathrm{i})$ ersetzt [GOOD85]. Durch den Vergleich dieser Gleichungen mit den ursprünglichen Ergebnissen erhält man die Bestimmungsgleichungen für den Fehler:

$$\begin{aligned}
&(K(\mathrm{i}+1) + \delta K(\mathrm{i}+1)) \cdot \left(v_{1,2}(\mathrm{i}) + \delta v_{1,2}(\mathrm{i})\right) \cdot \delta K(\mathrm{i}) \\
&+ \delta K(\mathrm{i}) \cdot \left(v_{1,2}(\mathrm{i}) + \delta v_{1,2}(\mathrm{i})\right) \cdot K(\mathrm{i}) + K(\mathrm{i}+1) \cdot \delta v_{1,2}(\mathrm{i}) \cdot K(\mathrm{i}) - \delta v_{2,2}(\mathrm{i}) \\
&= \delta v_{1,2}(\mathrm{i}) - \delta K(\mathrm{i}+1) \cdot \left(v_{1,1}(\mathrm{i}) + \delta v_{1,1}(\mathrm{i})\right) - K(\mathrm{i}+1) \cdot \delta v_{1,1}(\mathrm{i})
\end{aligned}$$

<5.1.1.1.2.1>

und

$$(K(\mathrm{i}+1)+\delta K(\mathrm{i}+1))\cdot\left(v_{1,2}(\mathrm{i})+\delta v_{1,2}(\mathrm{i})\right)\cdot\delta M(\mathrm{i})$$
$$+\,\delta K(\mathrm{i})\cdot\left(v_{1,2}(\mathrm{i})+\delta v_{1,2}(\mathrm{i})\right)\cdot M(\mathrm{i})+K(\mathrm{i}+1)\cdot\delta v_{1,2}(\mathrm{i})\cdot K(\mathrm{i})-\delta v_{2,2}(\mathrm{i})$$
$$=\delta w_2(\mathrm{i})\cdot(R(\mathrm{i}+1)+\delta R(\mathrm{i}+1))+w_2(\mathrm{i})\cdot\delta R(\mathrm{i}+1)-\delta M(\mathrm{i}+1)\;.$$

<5.1.1.1.2.2>

Die Lösung dieser Fehlergleichungen kann nun iterativ erfolgen, indem zuerst die exakte Lösung der Matrix-Ricatti-Gleichung nach <5.1.1.1.1.21> bestimmt wird. Dann werden die obigen Gleichungen nach δK(i) und δM(i) aufgelöst und rekursiv berechnet, wobei die Fehler der Ausgangsstützpunkte δK(k) und δM(k) Null sind. Weitere Vereinfachungen der Berechnung in speziellen Fällen sollen im weiteren Verlauf dieses Abschnitts diskutiert werden.

Ist der Roboter ein lineares, zeitinvariantes, kausales System mit konstanten symmetrischen Wichtungsmatrizen

$$Q(1)=Q(2)=\ldots=Q(\mathrm{k})=Q \qquad \text{<5.1.1.1.2.3>}$$

$$P(1)=P(2)=\ldots=P(\mathrm{k})=P\;, \qquad \text{<5.1.1.1.2.4>}$$

dann kann der Fehler unter Verwendung der Substitution

$$\mathrm{j}=\mathrm{k}-\mathrm{i} \qquad \text{<5.1.1.1.2.5>}$$

als Übertragungsfunktion vom Typ

$$\delta K(\mathrm{i}+1)=F_1(\mathrm{j})\cdot\delta K(\mathrm{i})\cdot F_2(\mathrm{j})+F_3(\mathrm{j}) \qquad \text{<5.1.1.1.2.6>}$$

dargestellt werden. Die Funktionen F_l(j) lassen sich dabei direkt aus den Gleichungen <5.1.1.1.2.1> und <5.1.1.1.1.2.2> ableiten. Dabei sind die Funktionen F_l(j+1), $l \in [1,3]$, jedoch wiederum Funktionen des Fehlers δK(j). Ist das System stabil und existiert eine obere Schranke für den Fehler δK(j), d.h. ist die

Fehlerübertragungsgleichung konvergent, dann existiert eine Fehlerschranke $\underline{\delta K}_S$

$$\underline{\delta K}_s = \lim_{j \to \infty} (\|\delta K\ (j)\|) = K_{onst}$$ <5.1.1.1.2.7>

und eine obere Schranke $\underline{K}_S$ der Matrix K(i)

$$\underline{K}_s = \lim_{j \to \infty} (\|K\ (j)\|) = K_{onst} \quad ,$$ <5.1.1.1.2.8>

für welche die Matrixgleichung

$$F_3 + \underline{\delta K}_s \cdot F_2 = (\underline{K}_s + \underline{\delta K}_s) \cdot (v_{1,2} + \delta v_{1,2}) \cdot \underline{\delta K}_s$$ <5.1.1.1.2.9>

erfüllt wird. Zur statistischen Fehlerschrankenbestimmung wird diese Matrixgleichung durch skalare quadratische Gleichungen zur Bestimmung des Fehlermittelwertes und der Fehlervarianz ersetzt.

Zunächst sollen die Mittelwerte und die Varianzen der Betragsschranken K, δK, M und δM aus den eingeschwungenen Übertragungsgleichungen bestimmt werden.

Es wird dazu angenommen, daß die stationären Lösungen dieser Betragsschranken existieren:

$$\lim_{\substack{k \to \infty \\ i \to \infty \\ k > i}} (\|K\ (k-i)\|) = \underline{K}_s \quad , \quad \lim_{\substack{k \to \infty \\ i \to \infty \\ k > i}} (\|M\ (k-i)\|) = \underline{M}_s \quad .$$ <5.1.1.1.2.10>

Dann lassen sich durch Einsetzen dieser stationären Werte in die Gleichungen <5.1.1.1.2.1> bis <5.1.1.1.2.9> skalare Gleichungen für die Mittelwerte und die Varianzen der stationären Lösungen angeben.

Für die Mittelwerte gelten:

$$\mu(\underline{K}_s) = \sup_{\text{Betrag}} \left\{ -\frac{\mu(v_{1,1}) - \mu(v_{2,2})}{2 \cdot \mu(v_{1,2})} \pm \sqrt{\left(\frac{\mu(v_{1,1}) - \mu(v_{2,2})}{2 \cdot \mu(v_{1,2})}\right)^2 + \frac{\mu(v_{2,1})}{\mu(v_{1,2})}} \right\},$$

<5.1.1.1.2.11>

$$\mu(\underline{\delta K}_s) = \sup_{\text{Betrag}} \left\{ a_1 \pm \sqrt{a_1^2 - a_2} \right\}$$

mit den Konstanten

$$a_1 = -\frac{2 \cdot \text{akf} \cdot \mu(\underline{K}_s) \cdot \left(\mu(v_{1,2}) + \mu(\delta v_{1,2})\right)}{2 \cdot \left(\mu(v_{1,2}) + \mu(\delta v_{1,2})\right)}$$

$$-\frac{\left(\mu(v_{2,2}) \cdot \mu(\delta v_{2,2})\right) - \left(\mu(v_{1,1}) + \mu(\delta v_{1,1})\right)}{2 \cdot \left(\mu(v_{1,2}) + \mu(\delta v_{1,2})\right)}$$

$$a_2 = \frac{\text{akf}^2 \cdot \mu\,(\underline{K}_s)^2 \cdot \mu(\delta v_{1,2}) + \text{akf} \cdot \mu(\underline{K}_s) \cdot \left(\mu(\delta v_{1,2}) - \mu(\delta v_{2,2})\right) - \mu(\delta v_{2,1})}{\mu(v_{1,2}) + \mu(\delta v_{1,2})},$$

<5.1.1.1.2.12>

$$\mu(\underline{M}_s) = \sup\left\{ \frac{1}{a_1}, \frac{1}{a_2} \right\}$$

mit den Konstanten

$$a_1 = \text{akf} \cdot \mu(\underline{K}_s) \cdot \mu(v_{1,2}) - \mu(v_{1,2}) + 1$$

$$a_2 = -\,\text{akf} \cdot \mu(\underline{K}_s) \cdot \mu\,(v_{1,2}) - \mu(v_{1,2}) + 1$$

<5.1.1.1.2.13>

und

$$\mu(\underline{\delta M}_{s}) = \frac{a_2}{a_1}$$

mit den Konstanten

$$a_1 = \text{akf} \cdot \mu(\underline{\delta K}_{s}) \cdot \mu(v_{1,2} + \delta v_{1,2}) + \text{akf} \cdot \mu(\underline{\delta K}_{s}) \cdot \mu(v_{1,2} + \delta v_{1,2})$$

$$- \mu(v_{2,2} + \delta v_{2,2}) + 1$$

$$a_2 = -\text{akf} \cdot \mu(w_2) \cdot \mu(Z_{iel}) - \text{akf} \cdot \mu\,(w_2 + \delta w_2) \cdot \mu\,(\delta Z_{iel})$$

$$+ \text{akf} \cdot \mu(\delta v_{2,2}) \cdot \mu(\underline{M}_{s}) - \text{akf} \cdot \mu(\delta v_{1,2}) \cdot \mu(\underline{M}_{s})$$

$$- \text{akf} \cdot \mu(\underline{\delta K}_{s}) \cdot \mu(\underline{M}_{s}) \cdot \mu(v_{1,2} + \delta v_{1,2}) \qquad \text{<5.1.1.1.2.14>}$$

Aus diesen Gleichungen lassen sich die stationären Fehlerschranken der Mittelwerte der eingeschwungenen Betriebszustände direkt bestimmen, wobei die Lösungen in der angegebenen Sequenz berechnet werden müssen. Da es zur Berechnung der stationären Fehlerschranken nicht mehr nötig ist, alle Fehlerwerte der Matrixsequenz $K(\mathrm{i})$ und der Vektorsequenz $M(\mathrm{i})$ zu berechnen, ergibt sich eine signifikante Reduktion des Rechenaufwandes.

Es wurde bereits erwähnt, daß die Matrix-Ricatti-Gleichung gute Konvergenzeigenschaften besitzt. Das bedeutet aber auch, daß die Fehlerwerte ähnlich gute Konvergenzeigenschaften aufweisen. Insbesondere darf daher angenommen werden, daß für große Optimierungsintervalle, $k \to \infty$, der resultierende Fehler hauptsächlich von dem eingeschwungenen Fehler bestimmt werden wird.

Für die Varianzen der eingeschwungenen Zustandsfehler erhält man in analoger Weise:

$$\sigma^2(\underline{K}_s) = \sup_{\text{Betrag}} \left\{ a_1 \pm \sqrt{a_1^2 - a_2} \right\}$$

mit den Konstanten

$$a_1 = -\frac{2 \cdot akf^2 \cdot \mu^2(\underline{K}_s) \cdot \left(\mu^2(\upsilon_{1,2}) + \sigma^2(\upsilon_{1,2})\right) - m_2(\upsilon_{2,2}) + m_2(\upsilon_{1,1})}{2 \cdot \left(\mu^2(\upsilon_{1,2}) + \sigma^2(\delta\upsilon_{1,2})\right)}$$

$$a_2 = \frac{akf^2 \cdot \mu^4(\underline{K}_s) \cdot \sigma^2(\upsilon_{1,2}) + akf \cdot \mu^2(\underline{K}_s) \cdot \left(\sigma^2(\upsilon_{1,1}) - \sigma^2(\upsilon_{2,2})\right) - \sigma^2(\upsilon_{2,1})}{m_2(\upsilon_{1,2})},$$

<5.1.1.1.2.15>

$$\sigma^2(\delta\underline{K}_s) = \sup_{\text{Betrag}} \left\{ a_1 \pm \sqrt{a_1^2 - a_2} \right\}$$

mit den Konstanten

$$a_1 = -\frac{2 \cdot akf \cdot m_2(\upsilon_{1,2} + \delta\upsilon_{1,2}) + m_2(\upsilon_{2,2}) - m_2(\upsilon_{1,1})}{2 \cdot m_2(\upsilon_{1,2} + \delta\upsilon_{1,2})}$$

$$a_2 = \frac{akf^2 \cdot m_2^2(\underline{K}_s) \cdot \sigma^2(\upsilon_{1,2}) - akf \cdot \mu^4(\underline{K}_s) \cdot \mu^2(\delta\upsilon_{1,2})}{m_2(\upsilon_{1,2})}$$

$$-\frac{\sigma^2(\delta\upsilon_{2,2}) + akf \cdot m_2(\underline{K}_s) \cdot m_2(\delta\upsilon_{1,1}) + akf \cdot \mu^2(\underline{K}_s) \cdot \mu^2(\delta\upsilon_{1,1})}{m_2(\upsilon_{1,2})}$$

$$+\frac{akf \cdot m_2(\underline{K}_s) \cdot \mu^2(\upsilon_{1,1} + \delta\upsilon_{1,1})}{m_2(\upsilon_{1,2})},$$

<5.1.1.1.2.16>

$$\sigma^2(\underline{M}_s) = \frac{a_2}{a_1}$$

mit den Konstanten

$$a_1 = akf \cdot m_2(\underline{K}_s) \cdot m_2(v_{1,2}) + m_2(v_{2,2}) - 1$$

$$a_2 = akf \cdot m_2(w_2) \cdot m_2(Z_{iel}) - akf \cdot \mu^2(w_2) \cdot \mu(Z_{iel}) - akf \cdot \sigma^2(v_{2,2}) \cdot \mu^2(\underline{M}_s)$$

$$+ akf^2 \cdot \mu^2(\underline{K}_s) \cdot \mu^2(v_{1,2}) \cdot \mu^2(\underline{M}_s) - akf^2 \cdot m_2(\underline{K}_s) \cdot m_2(v_{1,2}) \cdot \mu^2(\underline{M}_s)$$

<5.1.1.1.2.17>

und

$$\sigma^2(\underline{\delta M}_s) = \frac{a_2}{a_1}$$

mit den Konstanten

$$a_1 = akf \cdot m_2(v_{1,2} + \delta v_{1,2}) \cdot m_2(\underline{\delta K}_s) + akf \cdot m_2(v_{1,2} + \delta v_{1,2}) \cdot \mu^2(\underline{\delta K}_s)$$

$$+ m_2(v_{2,2} + \delta v_{2,2}) + 1$$

$$a_2 = akf \cdot m_2(\delta w_2) \cdot m_2(Z_{iel}) - akf \cdot \mu^2(\delta w_2) \cdot \mu^2(\delta Z_{iel})$$

$$+ akf \cdot m_2(v_{2,2} + \delta v_{2,2}) \cdot m_2(\underline{\delta Z}_{iel}) - akf \cdot \mu^2(w_2 + \delta w_2) \cdot \mu^2(\delta Z_{iel})$$

$$- akf \cdot \mu^2(\delta w_2) \cdot \mu^2(\delta Z_{iel}) - akf \cdot \sigma^2(v_{2,2} + \delta v_{2,2}) \cdot \mu^2(\underline{\delta Z}_{iel})$$

$$+ akf \cdot \sigma^2(v_{2,2} + \delta v_{2,2}) \cdot \sigma^2(\delta Z_{iel}) - akf \cdot m_2(\delta v_{2,2}) \cdot \mu^2(\delta Z_{iel})$$

$$- \text{akf} \cdot \sigma^2(\upsilon_{2,2} + \delta\upsilon_{2,2}) \cdot m_2(\underline{M}_s) + \text{akf}^2 \cdot \mu^2(\underline{K}_s) \cdot \mu^2(\delta\upsilon_{2,2}) \cdot \mu^2(\underline{M}_s)$$

$$- \text{akf}^2 \cdot m_2^{\,2}(\underline{K}_s) \cdot m_2(\delta\upsilon_{1,2}) \cdot m_2(\underline{M}_s)$$

$$+ \text{akf}^2 \cdot \mu^2(\underline{\delta M}_s) \cdot \mu^2(\upsilon_{2,2} + \delta\upsilon_{2,2}) \cdot \left(\mu^2(\underline{K}_s) + \mu^2(\underline{\delta K}_s)\right)$$

$$+ \text{akf} \cdot \mu^2(\underline{\delta K}_s) \cdot \mu^2(\upsilon_{1,2} + \delta\upsilon_{1,2}) \cdot \mu^2(\underline{M}_s)$$

$$- \text{akf}^2 \cdot m_2(\underline{\delta K}_s) \cdot m_2(\upsilon_{1,2} + \delta\upsilon_{1,2}) \cdot m_2(\underline{M}_s) \ . \qquad \text{<5.1.1.1.2.18>}$$

Aus diesen Gleichungen lassen sich die stationären Fehlerschranken der Varianzen der eingeschwungenen Betriebszustände direkt bestimmen, wobei die Lösungen wieder in der angegebenen Sequenz berechnet werden müssen. Es ergibt sich, wie bei der Berechnung der Mittelwerte der eingeschwungenen Betriebszustände, eine signifikante Reduktion des Rechenaufwandes.

Die Fehlerwerte sind sowohl von den idealen Systemparametern und Eingangsgrößen, als auch von deren Fehlern abhängig. Diese Fehler erfassen hierbei eine Vielzahl von Fehlerquellen, wie z.B. die gerundete Darstellung von Zahlenwerten aufgrund der begrenzten Speicherwortlänge des Leitrechners oder die Rundungsfehler von A/D-Wandlern zur Erfassung von Systemzuständen. Zur Bestimmung der speziellen Fehlerwerte muß eine umfangreiche Analyse des zu untersuchenden Systems vorgenommen werden.

Es soll noch einmal besonders darauf hingewiesen werden, daß die Gleichungen <5.1.1.1.2.11> bis <5.1.1.1.2.18> voneinander abhängig sind, d.h. die Änderung eines einzigen Parameters erfordert die Nachberechnung der statistischen Parameterabschätzungen aller Systemzustände und Fehlerwerte.

Die Gleichungen <5.1.1.1.2.11> bis <5.1.1.1.2.18> erlauben bei bekannten Systemparametern die Berechnung der statistischen Betragsabschätzungen der Matrixsequenz K(i) und der Vektorsequenz M(i), woraus sich die statistische

Betragsschranke des gesamten Fehlers des Optimierungsalgorithmus aus den Gleichungen <5.1.1.1.1.10> und <5.1.1.1.1.20> ermitteln läßt.

In den Bildern 5.1.1.1.2.1 bis 5.1.1.1.2.4 werden die tatsächlichen Normen der Matrixsequenz K(i) und der Vektorsequenz M(i) mit den statistischen Betragsschranken gemäß den obigen Gleichungen für das zu untersuchende Robotersystem vergleichend dargestellt. Es wird dabei angenommen, daß die resultierenden Verteilungen sich der Normalverteilung annähern (siehe Abschnitt 4.2.2). Das Konfidenzintervall wurde zu 99% (k=3) gewählt.

Als wesentliche Fehlerquellen werden hierbei lediglich Rundungsfehler bei der Berechnung der Optimierung angenommen, wobei bei diesem Beispiel alle arithmetischen Operationen als 16 Bit Festkomma-Operationen mit 8 Bit hinter der Kommastelle berechnet wurden.

In Bild 5.1.1.1.2.3 ist deutlich zu erkennen, daß die Fehlerabschätzung gemäß <5.1.1.1.2.11> bis <5.1.1.1.2.18> nur für den eingeschwungenen Zustand gültig ist und daß die im transienten Zustand auftretenden Fehlerwerte größer sein können. Wenn die Kenntnis des transienten Fehlers von Interesse ist, dann muß die Fehlerabschätzung iterativ aus den Gleichungen <5.1.1.1.2.1> bis <5.1.1.1.2.2> erfolgen.

Anhand der Bilder 5.1.1.1.2.1 bis 5.1.1.1.2.4 erkennt man deutlich die Güte der statistischen Fehlerabschätzung für dieses Anwendungsbeispiel. Es zeigt sich ferner, daß für die vorliegende Anzahl von arithmetischen Operationen die Approximation der Normalverteilung der Ergebnisse zulässig ist und daß die Betragsschranke eine gute Korrelation mit den ermittelten Ergebnissen aufweist.

Abschließend sei anzumerken, daß strukturelle Veränderungen zur Fehlerreduktion [MASC85], wie z.B. Hauptachsentransformationen, in dieser Arbeit nicht berücksichtigt werden. Durch solche Änderungen lassen sich die entstehenden Fehler jedoch oftmals erheblich verringern. Der oben beschriebene Formalismus eignet sich auch für solche modifizierten Systeme zur Abschätzung der entstehenden Fehler.

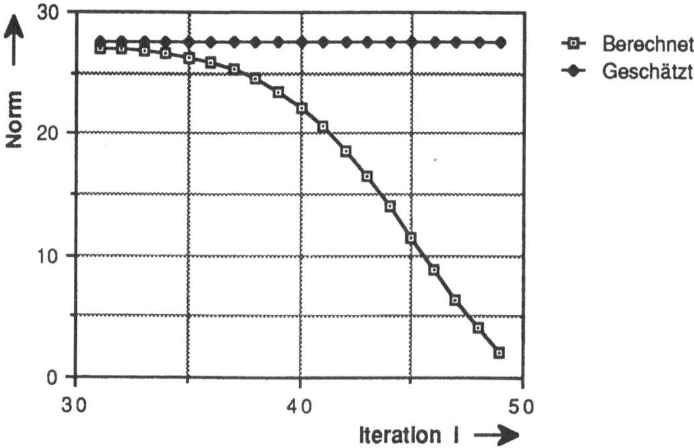

Bild 5.1.1.1.2.1: **Vergleichende Darstellung der Norm der *K*-Matrixsequenz mit der statistischen Betragsschrankenabschätzung**

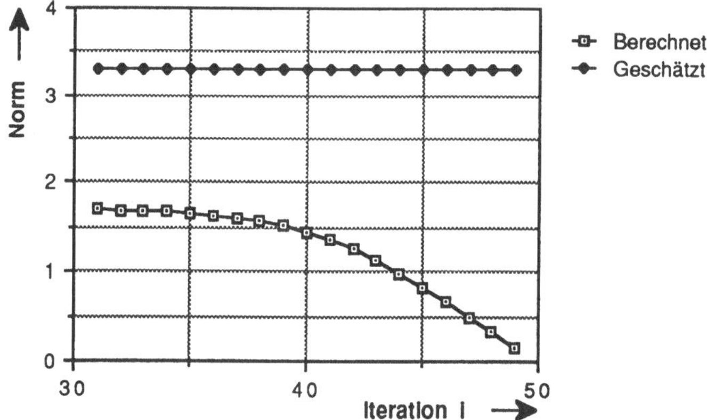

Bild 5.1.1.1.2.2: **Vergleichende Darstellung der Norm der *M*-Vektorsequenz mit der statistischen Betragsschrankenabschätzung**

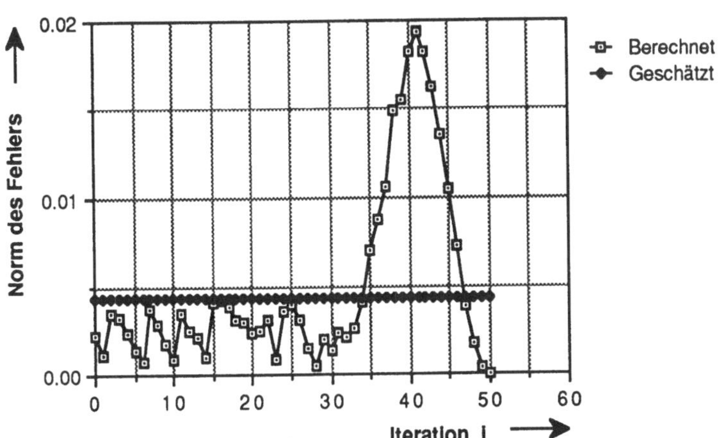

Bild 5.1.1.1.2.3: **Vergleichende Darstellung des Fehlers bei der Berechnung der *K*-Matrixsequenz mit den Ergebnissen der statistischen Betragsschrankenabschätzung**

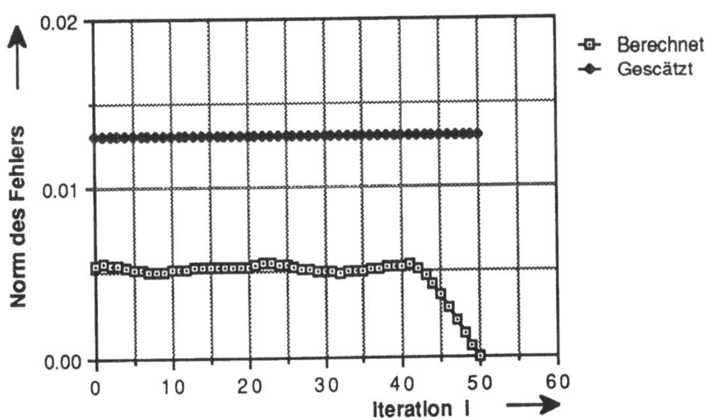

Bild 5.1.1.1.2.4: **Vergleichende Darstellung des Fehlers bei der Berechnung der *M*-Vektorsequenz mit den Ergebnissen der statistischen Betragsschrankenabschätzung**

5.1.1.2 Die Modelltransformation der Regelstrecke

Die Regelstrecke kann als mehrdimensionales System zweiter Ordnung dargestellt werden (gemäß Abschnitt 3.1.3). Zum Positionieren wird die in Bild 5.1.1.2.1 dargestellte Regelstrecke verwendet. Sie besteht aus einem 3-achsigen PID-Regler mit nachgeschaltetem Stromverstärker.

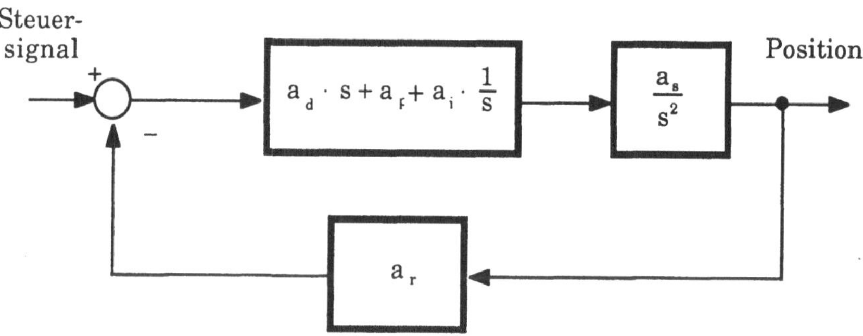

Bild 5.1.1.2.1: Darstellung der Regelstrecke

Daraus läßt sich die Übertragungsfunktion des geschlossenen Regelkreises $H_r(s)$ bestimmen (siehe Abschnitt 3.1.3):

$$H_r(s) = \begin{bmatrix} h_{1,1}(s) & 0 & 0 \\ 0 & h_{2,2}(s) & 0 \\ 0 & 0 & h_{3,3}(s) \end{bmatrix}$$

mit den Übertragungsfunktionen:

$$h_{1,1}(s) = \frac{a_{d_x} \cdot s^2 + a_{p_x} \cdot s + a_{i_x}}{\frac{1}{a_x} \cdot s^3 + a_{d_x} \cdot a_{r_x} \cdot s^2 + a_{p_x} \cdot a_{r_x} \cdot s + a_{i_x} \cdot a_{r_x}}$$

$$h_{2,2}(s) = \frac{a_{d_y} \cdot s^2 + a_{p_y} \cdot s + a_{i_y}}{\frac{1}{a_y} \cdot s^3 + a_{d_y} \cdot a_{r_y} \cdot s^2 + a_{p_y} \cdot a_{r_y} \cdot s + a_{i_y} \cdot a_{r_y}}$$

$$h_{3,3}(s) = \frac{a_{d_z} \cdot s^2 + a_{p_z} \cdot s + a_{i_z}}{\frac{1}{a_z} \cdot s^3 + a_{d_z} \cdot a_{r_z} \cdot s^2 + a_{p_z} \cdot a_{r_z} \cdot s + a_{i_z} \cdot a_{r_z}} \quad .$$

<5.1.1.2.1>

Dabei ist zu beachten, daß nur vorausgesetzt wird, daß die Regelstrecken stabile Systeme vom gleichen Typ sind, welche jedoch beliebige, untereinander verschiedene Parameter aufweisen können. Diese Übertragungsfunktionen beschreiben dabei in der Regel nur ein Modell des realen physikalischen Systems. Wenn diese Approximation zulässig ist, dann kann sie als das Ergebnis einer geeigneten Modelltransformation verstanden werden.

Die Modellierung von Systemen reduzierter Ordnung soll hier für denFall eines LTI-Systems dargestellt werden. Es ist S das System mit den dominanten Polstellen der Zustandsübergangsmatrix $\ddot{U}_{ber_{1,1}}$ und den parasitären Polstellen der Zustandsübergangsmatrix $\ddot{U}_{ber_{1,2}}$. Man erhält dann das Differenzialgleichungssystem:

$$\begin{aligned} X' &= \ddot{U}_{ber_{1,1}} \cdot X + \ddot{U}_{ber_{1,2}} \cdot X_{para} + E_{in_1} \cdot S \\ \mu \cdot X'_{para} &= \ddot{U}_{ber_{2,1}} \cdot X + \ddot{U}_{ber_{2,2}} \cdot X_{para} + E_{in_2} \cdot S \quad . \end{aligned}$$

<5.1.1.2.2>

X'_{para} ist ein Zustandsvektor von Dynamiken höherer Ordnung, welche bei der Modellierung vernachlässigt werden. Es läßt sich nun ein parasitärer Zustand η als

$$\eta = X_{para} + L \cdot X + \ddot{U}^{-1}_{ber_{para}} \cdot E_{in_{para}} \cdot S \qquad \text{<5.1.1.2.3>}$$

definieren [IANN83]. Durch Substitution von <5.1.1.2.3> in <5.1.1.2.2> erhält man die Zustandsübergangsgleichungen des reduzierten Systems:

$$X' = \ddot{U}^{\sim}_{ber} \cdot X + E^{\sim}_{in} \cdot S + H \cdot \eta$$

$$\eta' \cdot \mu = \ddot{U}^{\sim}_{ber_{para}} \cdot \eta + \mu \cdot \ddot{U}^{\sim -1}_{ber_{para}} \cdot E^{\sim}_{in_{para}} \; S \; . \qquad \text{<5.1.1.2.4>}$$

Dieses Gleichungssystem ist ebenfalls ein Übertragungssystem, welches mit einem zusätzlichen parasitären Eingangssignal η erregt wird. Das parasitäre Eingangssignal η läßt sich dabei gemäß <5.1.1.2.3> als Funktion des Steuersignals berechnen.

Die Systemparameter des reduzierten Systems lassen sich durch Vergleich der Koeffizienten der Substitution von <5.1.1.2.3> in die Gleichungen <5.1.1.2.2> bestimmen:

$$\ddot{U}^{\sim}_{ber} = \ddot{U}_{ber_{1,1}} - \ddot{U}_{ber_{2,2}} \cdot L$$

$$E^{\sim}_{in} = E_{in_1} - \ddot{U}_{ber_{1,1}} \cdot \ddot{U}^{-1}_{ber_{para}} \cdot E_{in_{para}}$$

$$\ddot{U}^{\sim}_{ber_{para}} = \ddot{U}_{ber_{2,2}} \cdot m \cdot L \cdot \ddot{U}_{ber_{1,2}}$$

$$E^{\sim}_{in_{para}} = E_{in_2} + m \cdot L \cdot E_{in_2}$$

$$H = \ddot{U}_{\mathrm{ber}_{1,2}}$$

$$L = \ddot{U}^{-1}_{\mathrm{ber}_{2,2}} \cdot \ddot{U}_{\mathrm{ber}_{2,1}} + O(\mathrm{m}) \,. \qquad \text{<5.1.1.2.5>}$$

Dabei sind O(m) die parasitären Polstellen der Ordnung m. Es wird vorausgesetzt, daß das Steuersignal keine Komponenten der Ordnung m oder höherer Ordnung enthält, da andernfalls das Restglied in <5.1.1.2.5> signifikant ist.

Da im vorliegenden Fall die Polstellen höherer Ordnung unbekannt sind, soll keine Abschätzung des parasitären Zustandes des Modells des reduzierten Systems vorgenommen werden. Das Modell wird im folgenden als das vollständige, fehlerfreie Modell eines idealen Systems betrachtet. Bei bekannten parasitären Polstellen kann die Fehlerberechnung mittels der Verfahren der Kapitel 3 und 4 und anhand der Gleichungen dieses Abschnitts erfolgen [MUEL86].

5.1.2 Interpolationsfehler von mehrachsigen Robotern

In diesem Abschnitt soll der Bahnfehler abgeschätzt werden, der bei der linearen Interpolation zwischen zwei Bahnpunkten eines nichtkartesischen Mehrgelenkroboters entsteht [BRAD82]. Es soll dabei angenommen werden, daß der ideale Bahnverlauf ein Tensor zwischen den Endpunkten der Bewegung ist. Jedem Gelenk G_i des Roboters ist dabei eine Transformationsmatrix T_i zugeordnet, die das Koordinatensystem des Gelenkes (Ausgang) in das Koordinatensystem der Basis (Eingang), an dem das Gelenk befestigt ist, überführt (Bild 5.1.2.1).

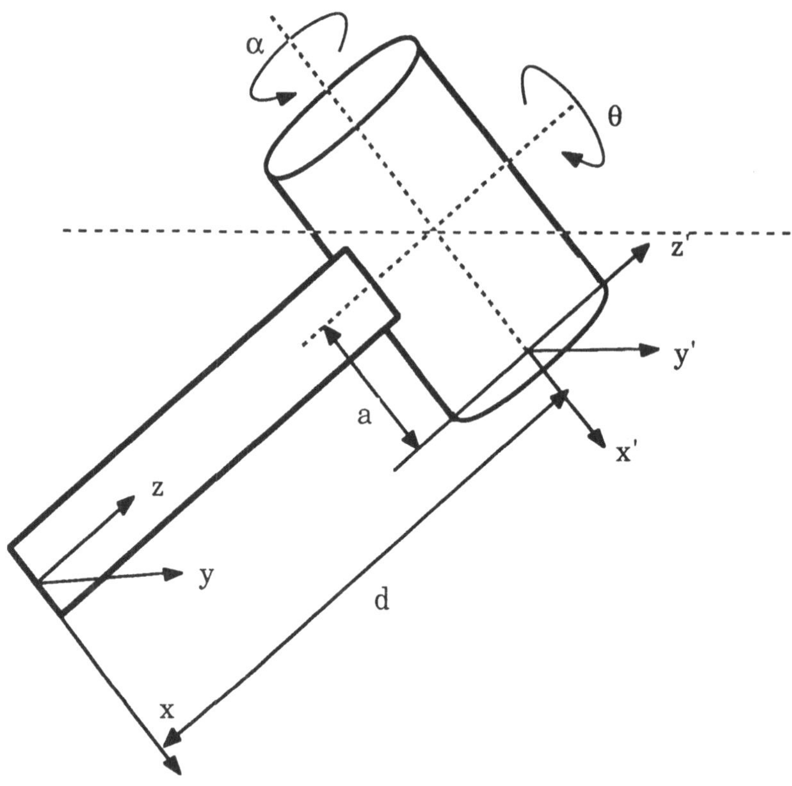

Bild 5.1.2.1 Gelenkkoordinaten-Transformation eines Roboters

Die Matrix T_i ergibt sich aus der Geometrie und den Gelenkwinkelstellungen als

$$T_i = \begin{bmatrix} \cos\theta_i & -\sin\theta_i \cdot \cos\alpha_i & \sin\theta_i \cdot \sin\alpha_i & a_i \cdot \cos\theta_i \\ \sin\theta_i & \cos\theta_i \cdot \cos\alpha_i & -\cos\theta_i \cdot \sin\alpha_i & a_i \cdot \sin\theta_i \\ 0 & \sin\alpha_i & \cos\alpha_i & d_i \\ 0 & 0 & 0 & 1 \end{bmatrix} . \quad \langle 5.1.2.1 \rangle$$

Wird die Basis des Roboters willkürlich als

$$X_0 = \begin{bmatrix} 0 \\ 0 \\ 0 \\ 1 \end{bmatrix}$$ <5.1.2.2>

angenommen, dann berechnet sich der Bahnpunkt X_g des Greifers, indem man den Basispunkt des Roboters mit allen Gelenkkoordinatentransformationsmatrizen multipliziert:

$$X_g = \left(\prod_{i=1}^{m} T_i \right) \cdot X_0 = T \cdot X_0 \ .$$ <5.1.2.3>

Soll ein vorgegebener Bahnpunkt X_g vom Greifer erreicht werden, dann müssen die Gelenkwinkel Θ_i, α_i und die Hübe a_i, d_i berechnet werden. Diese Berechnungen können nicht mit herkömmlichen analytischen Verfahren bewerkstelligt werden, sondern erfolgen in der Regel mittels iterativer Algorithmen.

Da diese Berechnungen sehr rechenintensiv sind, versucht man, die Gelenkstellungen nur an einigen Bahnpunkten exakt zu berechnen und zwischen diesen Stützpunkten zu interpolieren. Diese Interpolation erfolgt in der Regel mittels linearer Verfahren. Es zeigt sich, daß hierbei erhebliche Abweichungen des tatsächlichen und des gewünschten Bahnverlaufes auftreten [ZHEN84].

Untersucht man den idealen Verlauf einzelner Gelenkbewegungen, dann stellt man fest, daß auch bei kleinen Bewegungen, bei denen die Anfangs- und Endstellungen der Gelenke nahezu gleich sind, die Gelenke während des Bewegungsverlaufes große Veränderungen ihrer Stellung durchführen können (Singularitäten des Bahnverlaufes). Bei einem m-achsigen Roboter können maximal 4·m Parameter v_j zur Steuerung der Bewegung verändert werden:

$$v_j \in \left[\Theta_1, \alpha_1, a_1, d_1, \Theta_2, \alpha_2, a_2, d_2, \ldots, \Theta_m, \alpha_m, a_m, d_m\right] \quad , \quad j = 1, 2, \ldots, 4 \cdot m \quad .$$

<5.1.2.4>

Damit läßt sich die Veränderungsmatrix $\Delta T(\delta v_j)$ aus der Taylor-Reihenentwicklung um den Ausgangspunkt P_1 des nächsten Teilschrittes der Bahnbewegung bestimmen:

$$\Delta T(P_1, \delta v_j) = \sum_{i=0}^{\infty} \left(\frac{d}{dv_j}\right)^i \cdot \frac{T(P_1, v_j)}{i!} \cdot \left(\delta v_j\right)^i \quad .$$

<5.1.2.5>

Sind die Gelenkparameter an den Endpunkten P_1 und P_2 der Bewegung B bekannt, dann läßt sich Gleichung <5.1.2.5> in

$$\Delta T(P_x, v_j) = \sum_{i=0}^{\infty} \left(\frac{d}{dv_j}\right)^i \cdot \frac{T(P_1, v_j)}{i!} \cdot \left(v_j(P_2) - v_j(P_1)\right)^i \cdot r^i$$

<5.1.2.6>

umformen, wobei r der Dehnungsfaktor der vektoriellen Geradengleichung

$$P_x = P_1 + (P_2 - P_1) \cdot r$$

<5.1.2.7>

ist. Der Bewegungsfehler aufgrund der linearen Interpolation zwischen den Endpunkten ergibt sich nun aus der Norm der Abweichung der Bewegung B von der Geradengleichung in <5.1.2.7>. Man erhält somit den Fehler zu

$$\text{Fehler} = \left\| (P_2 - P_1) \cdot r + P_1 - \sum_{i=0}^{\infty} r^i \cdot \sum_{j=1}^{4 \cdot m} A_{j,i} \right\| \quad ,$$

<5.1.2.8>

wobei sich die $A_{j,i}$ aus <5.1.2.6> und <5.1.2.3> zu

$$A_{j,i} = \left(\frac{d}{dv_j}\right)^i \cdot \frac{T(P_1, v_j)}{i!} \cdot X_0 \cdot \left(v_j(P_2) - v_j(P_1)\right)^i$$ <5.1.2.9>

bestimmen.

Da der Fehler an den Stützpunkten P_1 (r=0) und P_2 (r=1) Null sein muß, folgt, daß

$$P_1 = \sum_{j=1}^{4 \cdot m} A_{0,j}$$ <5.1.2.10>

und

$$P_2 = \sum_{j=1}^{4 \cdot m} \lim_{n \to \infty} \left(\sum_{i=1}^{n} A_{i,j}\right)$$ <5.1.2.11>

sind, d.h. die Vektorsequenz $A_{i,j}$ konvergiert gegen Null. Zur Fehlerabschätzung kann daher die obige Gleichung unter Berücksichtigung von einer begrenzten Anzahl von Gliedern direkt ausgewertet werden.

Zur Lösung der Fehlerabschätzung sollen im folgenden neben dem direkten Ansatz noch zwei alternative Ansätze vorgestellt werden, die beide aus der statistischen Matrixnorm und der statistischen Fehlerabschätzung abgeleitet werden können.

5.1.2.1 Quadratische Fehlerapproximation für kleine Winkeländerungen

Bei diesem Verfahren wird von dem bekannten Additionstheorem trigonometrischer Funktionen Gebrauch gemacht. Dieses Verfahren soll hier exemplarisch für die Sinusfunktion dargestellt werden.

$$\sin(\alpha + \delta\alpha) = \sin(\alpha) \cdot \cos(\delta\alpha) + \cos(\alpha) \cdot \sin(\delta\alpha) \; .$$

<5.1.2.1.1>

Für kleine Werte des Winkels $\delta\alpha$ kann die Reihenentwicklung nach dem ersten Glied abgebrochen werden, d.h.

$$\sin(r \cdot \delta\alpha) \approx r \cdot \delta\alpha, \quad 0 \le r \le 1$$

und

$$\cos(r \cdot \delta\alpha) \approx 1 - \frac{r^2 \cdot \delta\alpha^2}{2}, \quad 0 \le r \le 1$$

<5.1.2.1.2>

Es läßt sich nun jede Gelenktransformationsmatrix T_i durch die Summe der Ausgangsmatrix T_{i_0} und der Matrixveränderung δT_i darstellen, wobei angenommen wird, daß die Winkeländerungen genügend klein sein sollen, so daß <5.1.2.1.2> gültig ist. Dann gilt für die Gelenktransformationsmatrix unter Berücksichtigung von Gliedern erster Ordnung:

$$\begin{aligned} T_i(r) &= \left(T_{i_0} + \delta T_i\right) \\ &= T_{i_0} + \left(T_{1_{\theta_i}} \cdot \delta\theta_i + T_{1_{\alpha_i}} \cdot \delta\alpha_i + T_{1_{a_i}} \cdot \delta a_i + T_{1_{d_i}} \cdot \delta d_i\right) \cdot r \; . \end{aligned}$$

<5.1.2.1.3>

Für die Matrix $\delta T_i(r)$ lassen sich nun die statistischen Kenngrößen, der Mittelwert und die Varianz, berechnen.

Es gilt:

$$\mu\left(\delta T_{i}(r)\right)=\mu\left(T_{i}(r)-T_{i_{0}}\right)$$ <5.1.2.1.4>

und

$$\sigma^{2}\left(\delta T_{i}(r)\right)=\sigma^{2}\left(T_{i}(r)-T_{i_{0}}\right) \quad .$$ <5.1.2.1.5>

Diese Größen können dann zur Berechnung der Fehlerschranke des Fehlers bei der Interpolation der Koordinatentransformation benutzt werden. Dazu muß zunächst die Betragsschranke des Bewegungsvektors B berechnet werden. Die statistischen Kennwerte μ und σ^2 des Bewegungsvektors B ergeben sich aus der linearen Änderung der Transformationsmatrix $T(r)$ zu

$$\mu(B(r))=n^{m-1}\cdot\left(\prod_{i=1}^{m}\mu\left(T_{i}(r)\right)-\prod_{i=1}^{m}\mu\left(T_{i_{0}}\right)\right)\cdot\mu\left(X_{0}\right)$$ <5.1.2.1.6>

und

$$\begin{aligned}\sigma^{2}(B(r)) \; = \; & n^{m-1}\cdot\left(\prod_{i=1}^{m} m_{2}\left(T_{i}(r)\right)-\prod_{i=1}^{m} m_{2}\left(T_{i_{0}}\right)\right)\cdot m_{2}\left(X_{0}\right)\\ & -n^{2\cdot m-2}\cdot\left(\prod_{i=1}^{m}\mu\left(T_{i}(r)\right)-\prod_{i=1}^{m}\mu\left(T_{i_{0}}\right)\right)^{2}\cdot\mu^{2}\left(X_{0}\right) \quad .\end{aligned}$$ <5.1.2.1.7>

Aus der Differenz der Kennwerte des Bewegungsvektors B und der Veränderung der Transformationsmatrix erhält man schließlich die Fehlerabschätzung

$$\underline{\text{Fehler}}\,(r)\leq\left|\mu\left(\delta T_{i}(r)\right)-\mu(B(r))\right|+k\cdot\sqrt{\left|\sigma^{2}\left(\delta T_{i}(r)\right)-\sigma^{2}(B(r))\right|} \quad .$$ <5.1.2.1.8>

Es ist hierbei zu beachten, daß für den Fehler nur die Differenz der statistischen Kenngrößen maßgebend ist.

Ferner ist zu beachten, daß der Fehler in Bezug auf den Faktor r monoton steigend ist, wohingegen der tatsächliche Fehler an den Stützstellen Null ist. Deshalb müssen zwei Berechnungen des Fehlers durchgeführt werden, zum ersten vom Punkt P_1 nach P_2 und vom Punkt P_2 zum Punkt P_1. Es muß dann der Wert r bestimmt werden, für den beide Fehlerschranken gleich groß sind. Daraus läßt sich der Ort der größten Abweichung berechnen.

Ist die Fehlerabschätzung nach <5.1.2.1.8> nicht von ausreichender Genauigkeit, dann kann für den so ermittelten r-Wert der genaue Fehler anhand der Gleichung <5.1.2.8> bestimmt werden.

5.1.2.2 Statistischer Lösungsansatz für lineare Bewegungsverläufe

Der im vorigen Abschnitt beschriebene Lösungsansatz ist nur für kleine Winkelveränderungen gültig. Im praktischen Einsatzfall wird man bemüht sein, die Bahninterpolation über möglichst lange Bahnstücke durchzuführen und es muß daher ein anderer Lösungsweg zur Fehlerbestimmung benutzt werden.

Die Veränderungen der Transformationsmatrizen werden wiederum durch ihre statistischen Kenngrößen beschrieben:

$$\mu(\mu(\delta T_i(r))) = \int_{d_i(P_1)}^{d_i(P_2)} \int_{a_i(P_1)}^{a_i(P_2)} \int_{\alpha_i(P_1)}^{\alpha_i(P_2)} \int_{\theta_i(P_1)}^{\theta_i(P_2)} f(\mathrm{par}) \cdot d\theta_i \cdot d\alpha_i \cdot da_i \cdot dd_i$$

mit

$$f(\mathrm{par}) = \frac{1}{n^2} \cdot \sum_{l=1}^{n} \sum_{j=1}^{n} \left(t_{l,j}(r) - t_{l,j}(P_1) \right) ,$$

<5.1.2.2.1>

$$\sigma^2(\mu(\delta T_i(r))) = \iiiint \frac{1}{n^2} \cdot \sum_{l=1}^{n} \sum_{j=1}^{n} \left(t_{l,j}(r) - t_{l,j}(P_l)\right)^2 \cdot d\theta_i \cdot d\alpha_i \cdot da_i \cdot dd_i - \mu^2(\mu(\delta T_i(r))) ,$$

<5.1.2.2.2>

$$\mu(\sigma^2(\delta T_i(r))) = \iiiint \frac{1}{n^2} \cdot \sum_{l=1}^{n} \sum_{j=1}^{n} \left(t^2_{l,j}(r) - t^2_{l,j}(P_l)\right) \cdot d\theta_i \cdot d\alpha_i \cdot da_i \cdot dd_i - \mu^2(\mu(\delta T_i(r)))$$

<5.1.2.2.3>

und

$$\sigma^2(\sigma^2(\delta T_i(r))) = \iiiint \frac{1}{n^2} \cdot \sum_{l=1}^{n} \sum_{j=1}^{n} \left(t^2_{l,j}(r) - t^2_{l,j}(P_l)\right)^2 \cdot d\theta_i \cdot d\alpha_i \cdot da_i \cdot dd_i - \mu^2(\sigma^2(\delta T_i(r))) .$$

<5.1.2.2.4>

Diese Gleichungen berechnen im Gegensatz zu den bisher beschriebenen Lösungsansätzen nicht die statistischen Kennwerte der Veränderung der Transformationsmatrix, sondern sie beschreiben die statistischen Kennwerte μ und σ^2 dieser Kennwerte, d.h. es werden nicht die statistischen Kennwerte zur Betragsabschätzung benutzt, sondern es wird zuerst eine Abschätzung für diese Kennwerte gesucht und diese Abschätzung wird dann zur weiteren Berechnung der Betragsschranke benutzt.

Dieser Ansatz ist ein Beispiel dafür, daß der statistische Lösungsansatz, wie im deterministischen Fall, zur Abschätzung einer jeden beliebigen Größe dienen kann und in vielfachen Kombinationen anwendbar ist.

Aus diesen Größen lassen sich Mittelwert und Varianz der Matrix $\delta T_i(r)$ zu

$$\underline{\left|\mu(\delta T_i)\right|} \leq \left|\mu(\mu(\delta T_i))\right| + k_s \cdot \sigma\left(\mu(\delta T_i)\right)$$

<5.1.2.2.5>

$$\underline{\sigma^2(\delta T_i)} \leq \left(\left|\mu(\sigma(\delta T_i))\right| + k_s \cdot \sigma\left(\sigma(\delta T_i)\right)\right)^2$$

<5.1.2.2.6>

bestimmen.

Die obere Schranke des Mittelwerts der Bewegungsmatrix $\mu(B)$ ergibt sich nun zu

$$\underline{\left|\mu(B)\right|} = \mu(X_0) \cdot n^{m-1} \cdot \sum_{j=1}^{m} \underline{\left|\mu(\delta T_j(r))\right|} \cdot \sum_{\substack{l=1 \\ l \neq j}}^{m} \underline{\left|\mu(T_j(r))\right|}$$

<5.1.2.2.7>

und ebenso die obere Betragsschranke der Varianz $\sigma^2(B)$ als

$$\underline{\left|\sigma^2(B)\right|} = m_2(X_0) \cdot n^{m-1} \cdot \sum_{j=1}^{m} \underline{\left|m_2(\delta T_j(r))\right|} \cdot \sum_{\substack{l=1 \\ l \neq j}}^{m} \underline{\left|m_2(T_j(r))\right|}$$
$$- \mu^2(X_0) \cdot n^{2 \cdot (m-1)} \cdot \sum_{j=1}^{m} \underline{\left|\mu^2(\delta T_j(r))\right|} \cdot \sum_{\substack{l=1 \\ l \neq j}}^{m} \underline{\left|\mu^2(T_j(r))\right|} .$$

<5.1.2.2.8>

Dabei ist zu beachten, daß der Faktor k_s für sinusförmige Größen gemäß den Ausführungen in 3.2.3.1.2 zu als

$$k_s = \sqrt{2}$$

<5.1.2.2.9>

gewählt werden sollte.

Die Gleichungen <5.1.2.1.6> und <5.1.2.1.7> im vorigen Abschnitt werden nun durch diese Schranken ersetzt. Der weitere Lösungsweg ist dann wie in Abschnitt 5.1.2.1 beschrieben. Dieser Lösungsweg ist auch für große Änderungen der Gelenkstellwinkel gültig.

5.1.3 Die Modelltransformation des Kamera-Sensorsystems

Die Koordinaten der Projektion P des Werkstücks W (Bild 5.1.3.1) ergeben sich aus den Projektionsgleichungen des dem Punkt W_i des Werkstücks zugeordneten Bildpunktes $P_i(W_i)$ [PARK86] zu

$$P_i(W_i) = \frac{P_{o_x}}{\sqrt{(W_i + P_l + A_{rm})^T \cdot M_2 \cdot (W_i + P_l + A_{rm})}} \cdot M_1 \cdot (W_i + P_l + A_{rm})$$

$$+ M_2 \cdot P_0$$

<5.1.3.1>

$$M_1 = \begin{bmatrix} 0 & 0 & 0 & \dots & 0 \\ 0 & 1 & 0 & \dots & 0 \\ 0 & 0 & 1 & \dots & 0 \\ & & & \dots & \\ 0 & 0 & 0 & \dots & 1 \end{bmatrix}$$

<5.1.3.2>

$$M_2 = \begin{bmatrix} 1 & 0 & 0 & \dots & 0 \\ 0 & 0 & 0 & \dots & 0 \\ 0 & 0 & 0 & \dots & 0 \\ & & & \dots & \\ 0 & 0 & 0 & \dots & 0 \end{bmatrix} .$$

<5.1.3.3>

Aufgrund der begrenzten Auflösung des Bildschirms findet bei der Projektion ein Rundungsprozeß statt [RÜEN76].

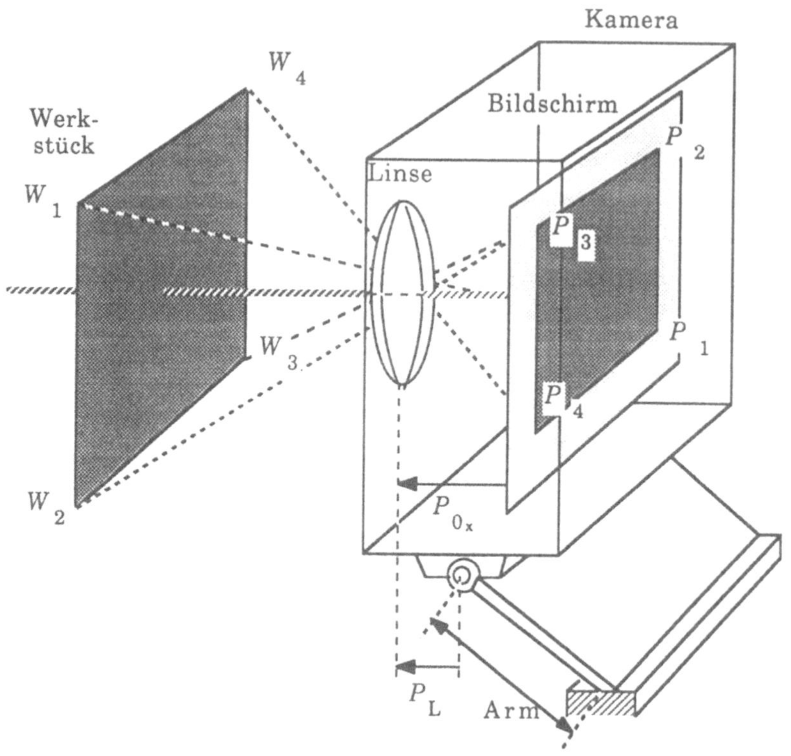

Bild 5.1.3.1: Geometrie der Werkstückprojektion

Der entstehende Rundungsfehler $F_{\text{ehler}}(P(W_i))$ kann als Matrix dargestellt werden:

$$F_{\text{ehler}}(P_i) = P_i(W_i) - E_y \cdot \text{round}\left(\frac{P_i(W_i)^T \cdot E_y}{r_h} \right) \cdot r_h - E_z \cdot \text{round}\left(\frac{P_i(W_i)^T \cdot E_z}{r_v} \right) \cdot r_v$$

<5.1.3.4>

mit

$$E_y = \left[e_x = 0, e_y = 1, e_z = 0\right]^T$$
$$E_z = \left[e_x = 0, e_y = 0, e_z = 1\right]^T \quad . \qquad \text{<5.1.3.5>}$$

Weitere Fehler entstehen bei der Konturverfolgung des projizierten Bildes. Diese Fehler sind nicht nur von der Qualität des Bildverarbeitungsalgorithmus abhängig, sondern auch von anderen Einflüssen, wie z.B. der Beleuchtung des Werkstückes, der Auflösung der Kamera und von der Entfernung der Kamera vom Werkstück.

Diese Fehlerquellen sollen im weiteren nicht einzeln erfaßt und dargestellt werden. Statt dessen sollen sie in einem Fehlervektor des Eingangssignals $\mathit{F}_{proj}(t)$ zusammengefaßt werden. Es soll lediglich verlangt werden, daß eine obere Schranke dieses Fehlers $\underline{F_{proj}(t)}$ bekannt ist, oder daß eine solche Schranke mit genügender Genauigkeit abgeschätzt werden kann.

Wenn keine weiteren Aussagen über den Projektionsfehler $\mathit{F}_{proj}(t)$ gemacht werden können, dann soll angenommen werden, daß die Fehlerkomponenten $F_{proj_i}(t)$ in dem Intervall $F_{proj_i}(t) \in [-\underline{F_{proj}(t)}, \underline{F_{proj}(t)}]$ einer mittelwertfreien Gleichverteilung unterliegen. Dieser Verteilung wird dann die Standardabweichung (siehe <3.2.3.1.1.3>)

$$\sigma^2(F_{ehler}(P_i)) = \frac{\left|\underline{\underline{F_{proj}(t)}}\right|}{9} \quad . \qquad \text{<5.1.3.6>}$$

zugeordnet.

Eine alternative Abschätzung ist die Zweiwerteverteilung, welche für einen vorgegebenen Intervallbereich die maximale Varianz und somit bei der statistischen Fehlerabschätzung den größten statistischen Fehlerwert annimmt.

5.1.4 Die Modelltransformation der Werkstücklagebestimmung

Das optische Sensorsystem ist eine Fernsehkamera. Für dieses System lassen sich die Projektionsgleichungen der i-ten Vektorkomponente der Abbildung eines Punktes des Werkstücks gemäß der Geometrie in Bild 5.1.3.1 zu

$$M_i \cdot P_1 = M_i \cdot \sqrt{\frac{W_i^T \cdot M_i \cdot W_i}{W_i^T \cdot M_x \cdot W}} \cdot P_{0_x} + P_0 \qquad \text{<5.1.4.1>}$$

mit

$$i \in [x, y, z] \qquad \text{<5.1.4.2>}$$

bestimmen.

Bei der Rücktransformation läßt sich die Lage des Werkstücks nicht eindeutig aus der Kenntnis eines einzelnen projizierten Punktes bestimmen. Im allgemeinen Fall müssen zur Rücktransformation die Projektionen von drei unabhängigen Punkten des Werkstücks bekannt sein.

In dem vorliegenden Beispiel von nur drei Freiheitsgraden bei der Bewegung des Roboters kann die Rücktransformation aus den Projektionen von zwei Punkten des Werkstücks bestimmt werden, wenn, wie vorausgesetzt, die Achsen des Roboters und des Werkstücks zueinander senkrecht orientiert sind.

Es lassen sich dann die folgenden Bestimmungsgleichungen für die Originalpunkte des Werkstücks aus der Projektion unter Kenntnis des Abstandes d zweier Punkte W_1 und W_2 angeben:

$$d = \sqrt{(P_1 - P_2)^T \cdot (P_1 - P_2)}$$

$$W^*_{1_x} = \frac{d \cdot P_{0_x}}{\sqrt{(W_1 - W_2)^T \cdot M_1 \cdot (W_1 - W_2)}}$$

$$W^*_{1_y} = \frac{W^*_{1_x} \cdot P_{1_y}}{P_{0_x}}$$

$$W^*_{1_z} = \frac{W^*_{1_x} \cdot P_{1_z}}{P_{0_x}}$$

$$W_1 = W^*_1 - A_{rm} - P_1 = \frac{d \cdot P_1}{\sqrt{(W_1 - W_2)^T \cdot M_1 \cdot (W_1 - W_2)}} - A_{rm} - P_1 \, .$$

<5.1.4.3>

Anhand der obigen Rücktransformation kann nun der Einfluß des Projektionsfehlers

$$F_{ehler}\left(P_{roj}(W)\right) = \frac{\left(d \cdot \delta_j + \delta dP\right)}{\sqrt{(W_1 - W_2)^T \cdot M_1 \cdot (W_1 - W_2)}}$$ <5.1.4.4>

abgeschätzt, und der zugehörige Block für die Fehlerübertragung bestimmt werden. Dazu wird die Fehlerschranke $\underline{F_{position}}$, die sich bei der Bestimmung der Position des Werkstückes ergibt, als Funktion des Projektionsfehlers dargestellt.

Die Komponenten $F_{proj_i}(t)$ des Fehlervektors sind von der Form:

$$F_{proj_i} = \frac{2 \cdot d_{max} \cdot \sqrt{r_v^2 + r_h^2}}{\sqrt{(W_1 - W_2)^T \cdot M_1 \cdot (W_1 - W_2)}} \quad . \qquad \text{<5.1.4.5>}$$

Die Berechnung der statistischen Momente dieser Funktion erfordert die zweidimensionale Integration dieses Wurzelausdruckes. Zur Vereinfachung der mathematischen Behandlung soll eine Kombination der diskreten und der statistischen Verfahren zur Bestimmung der Fehlerübertragungsfunktion angewendet werden.

In Bild 5.1.4.1 ist der normierte Verlauf dieser Funktion für gleichverteilte Eingangsgrößen $\delta y \in [-r_h, r_h]$ und $\delta z \in [-r_v, r_v]$ dargestellt. Anhand dieser Darstellung erkennt man, daß weder die Normal- noch die Gleichverteilung eine gute Approximation der gesuchten Verteilungsdichtefunktion der Projektionsfehlerschranke sind.

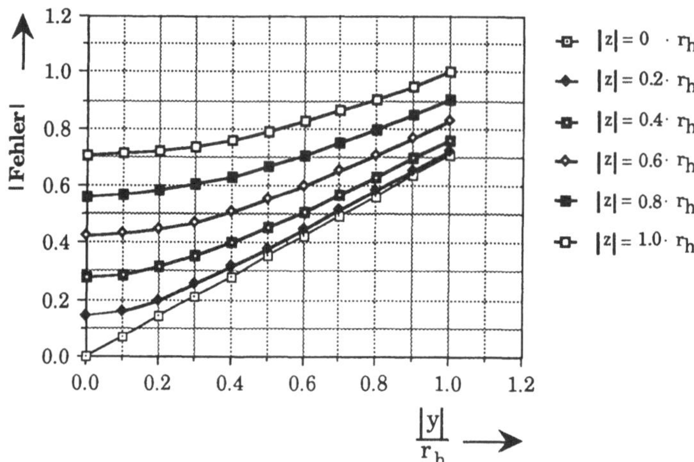

Bild 5.1.4.1: Verlauf des Projektionsfehlers als Funktion der horizontalen und der vertikalen Auflösung

Es soll nicht versucht werden, die exakte mathematische Verteilungsdichtefunktion abzuleiten. Es soll vielmehr angenommen werden, daß eine Fehlerfunktion $F_{appx}(F_{proj})$ existiert, welche an jedem Punkt $\delta y \in [-r_h, r_h]$ und an jedem Punkt $\delta z \in [-r_v, r_v]$ einen Betragswert besitzt, der die Bedingung

$$\left| F_{appx}\left(F_{proj}\right)\right| \geq \left| F_{proj_i} \right| \qquad \text{<5.1.4.6>}$$

erfüllt. Aus Symmetriegründen kann angenommen werden, daß der Projektionsfehler mittelwertfrei ist, d.h.

$$\mu(F_{appx}(F_{proj}(t))) = 0 \ . \qquad \text{<5.1.4.7>}$$

Die Varianz kann dann aus der für das System gewählten Konfidenzintervallschranke $k(\varepsilon)$ zu

$$\sigma^2 = \left(\frac{\sup\left\{ F_{proj_i} \right\}}{k(\varepsilon)} \right)^2 \qquad \text{<5.1.4.8>}$$

bestimmt werden. Die Verteilungsdichtefunktion des Projektionsfehlers soll nun durch eine mittelwertfreie Gleichverteilung mit der Varianz gemäß <5.1.4.8> abgeschätzt werden. Mit <5.1.4.7> und <5.1.4.8> erhält man die Verteilungsdichtefunktion dieser Gleichverteilung als

$$p_{appx}\left(F_{proj_i}\right) = \begin{cases} \dfrac{1}{\sup\left\{F_{proj_i}\right\} \cdot \sqrt{12}} & -\underline{F}_{proj} \leq F_{proj_i} \leq \underline{F}_{proj} \\ 0 & \text{sonst} \end{cases} \qquad \text{<5.1.4.9>}$$

Diese Verteilungsdichtefunktion wird im weiteren Verlauf der Fehleranalyse des Roboters anstelle der Fehlerfunktion <5.1.4.5> zur Berechnung des Systemfehlers benutzt, wobei der tatsächlich auftretende Projektionsfehler kleiner als diese Fehlerschranke ist.

5.2 Berechnung der Systemfehlerschranke als Funktion der Eingangsparameter

In Bild 5.2.1 wird das Blockschaltbild der Fehlerübertragung des gesamten Robotersystems dargestellt (Kapitel 2), wobei die Fehler der einzelnen Blöcke im folgenden untersucht werden sollen [MAHM84].

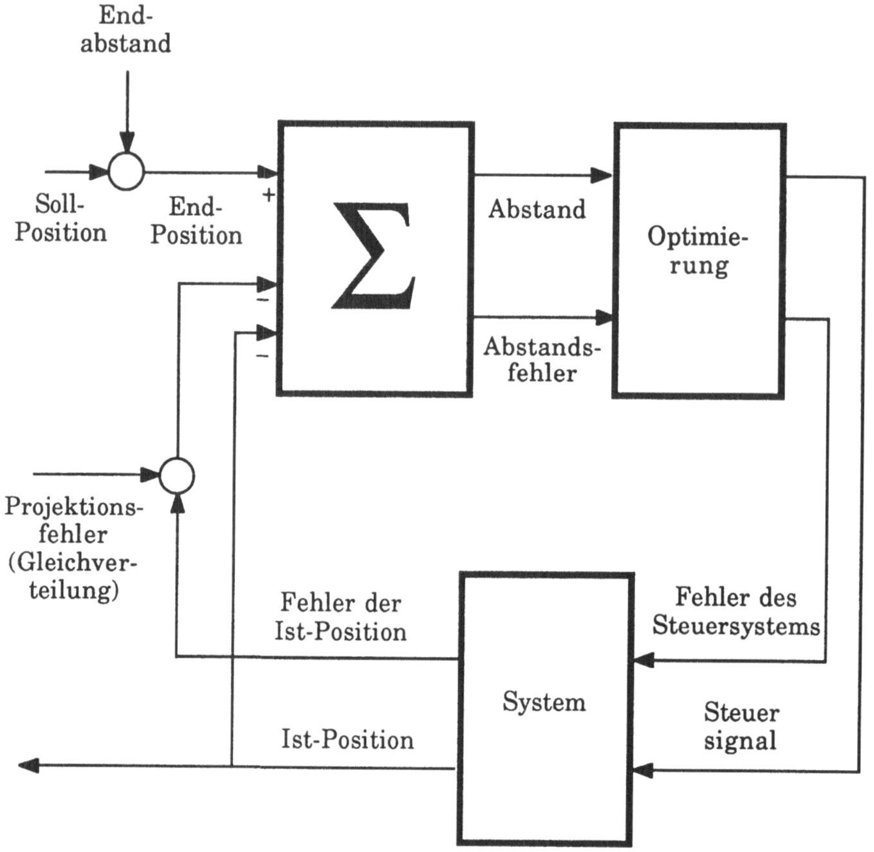

Bild 5.2.1: Blockschaltbild des Fehlermodells des Robotersystems

Der Ausgangsfehler des Optimierungsalgorithmus ist der Fehler des Systemsteuersignals. Es muß hier angemerkt werden, daß durch den Eingangssummenpunkt eine Normierung des Systemzustandes derart erfolgt, daß der Startwert der Optimierung jeweils der innere Systemzustand $X(0) = 0$ ist. Bei der Berechnung der Matrixsequenz $K(\mathrm{i})$ ist der resultierende Fehler lediglich eine Funktion der Systemparameter der Regelstrecke (siehe Abschnitt 5.1.2.2):

$$\delta K = \mathrm{konst}(\ddot{U}_{\mathrm{ber}}, E_{\mathrm{in}}, Q, P) \; , \qquad \text{<5.2.1>}$$

wohingegen der Fehler der Vektorsequenz $M(\mathrm{i})$ von dem normierten Fehler des Endzustandes des Systemsollwertes δZ_{Ziel} bestimmt wird:

$$\delta M(\mathrm{i}) = K_{\mathrm{onst}_1} + K_{\mathrm{onst}_2} \cdot \delta Z_{\mathrm{Ziel}} \; . \qquad \text{<5.2.2>}$$

Die Konstanten K_{onst_1} und K_{onst_2} lassen sich direkt durch Vergleich aus den Gleichungen <5.1.1.1.2.14> und <5.1.1.1.2.18> bestimmen. Daraus ergibt sich für den Fehler des Steuervektors:

$$\delta S(\mathrm{i}) = (K_{\mathrm{onst}_3}(\mathrm{i}) + \delta K_{\mathrm{onst}_3}(\mathrm{i})) \cdot \delta\lambda(\mathrm{i}) + \delta K_1(\mathrm{i}) \cdot \lambda(\mathrm{i}) \qquad \text{<5.2.3>}$$

mit

$$K_{\mathrm{onst}_3}(\mathrm{i}) = \frac{P^{-1}(\mathrm{i}) \cdot E^{\mathrm{T}}_{\mathrm{in}}(\mathrm{i})}{2}$$

$$\begin{aligned} \lambda(\mathrm{i}) &= K(\mathrm{i}) \cdot X(\mathrm{i}) + M(\mathrm{i}) \\ &= K(\mathrm{i}) \cdot \prod_{\mathrm{j}=1}^{\mathrm{i}} \ddot{U}_{\mathrm{ber}}(\mathrm{j}) \cdot X(0) \\ &\quad + K(\mathrm{i}) \cdot \sum_{\mathrm{j}=1}^{\mathrm{i}} \ddot{U}_{\mathrm{ber}} \cdot E_{\mathrm{in}}(\mathrm{j}) \cdot P^{-1}(\mathrm{j}) \cdot E^{\mathrm{T}}_{\mathrm{in}}(\mathrm{j}) \cdot \lambda(\mathrm{j}-1) + M(\mathrm{i}) \; , \end{aligned}$$

<5.2.4>

Die vollständige Ableitung aller Fehlerausdrücke soll im Rahmen dieser Arbeit nicht explizit dargestellt werden, da diese Ableitungen für ein vorgegebenes Robotermodell recht speziell sind und nicht wesentlich zum Verständnis der Methodik beitragen. Diese Ableitungen können jedoch recht einfach anhand der in diesem Kapitel erarbeiteten Formeln nachvollzogen werden, wenn die ersten Variationen dieser Formeln untersucht werden.

Die Betrags- und Fehlerschranken für die Größen $\lambda(i)$, $\delta\lambda(i)$, $X(i)$, $\delta X(i)$ lassen sich unter Verwendung von <5.1.1.1.1.10> für diesen speziellen Roboter zu

$$\mu\left(\delta Z_{sys}(i)\right) = \frac{1-a_1^{i+1}}{1-a_1} \cdot a_2$$

mit

$$a_1 = 1.134$$

$$a_2 = 1.795 \cdot 10^{-4} \qquad \text{<5.2.5>}$$

und

$$\sigma^2\left(\delta Z_{sys}(i)\right) = \frac{1-a_3^{i+1}}{1-a_3} \cdot a_4$$

mit

$$a_3 = 1.0267$$

$$a_4 = 2.657 \cdot 10^{-2} \qquad \text{<5.2.6>}$$

bestimmen.

Gemäß den Voraussetzungen in Abschnitt 3.1.3 wird das System hier selbst als fehlerfrei angenommen und die Fehlerübertragungsfunktion reduziert sich zu einer Konstantenmultiplikation.

Die Kameraprojektion kann gemäß Abschnitt 5.1.2 als Addition einer Störgröße verstanden werden und die Fehlerübertragungsfunktion der Rückprojektion wurde in Abschnitt 5.1.3 behandelt, wobei diese nun noch durch einen additiven Term des Eingangsfehlers zu ergänzen ist.

Der gesamte Positionierungsfehler des Roboters kann somit als lineare Funktion des Anfangsabstandes von der Zielposition angegeben werden:

$$\delta Z_{sys} = k_1(i) \cdot \left\| Z_{sys_{soll}} - E_{nd} - Z_{sys_{ist}} \right\| + k_2(i) \qquad \text{<5.2.7>}$$

In Bild 5.2.2 wird der Verlauf des Positionierungsfehlers mit der in <5.2.4> ermittelten Fehlerschranke vergleichend dargestellt.

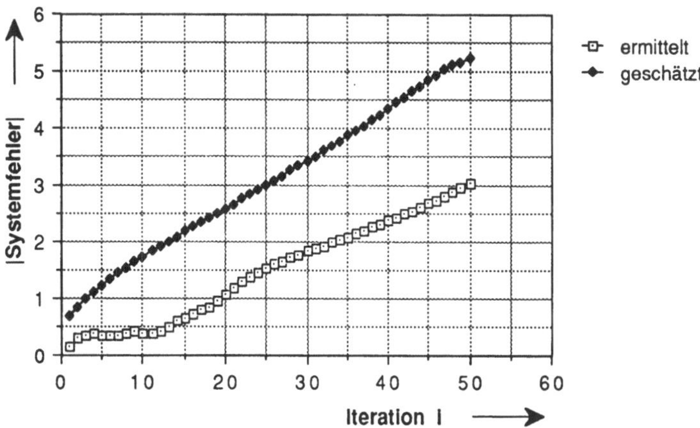

Bild 5.2.2: Vergleich der Positionierungsfehlerschranke des Roboters mit der Fehlerschrankenabschätzung der statistischen Fehlernorm

Die Lösung erfolgt hier anhand der statistischen Fehlerschrankenmethode mit k=3 unter der Voraussetzung, daß die Ausgangsgrößen angenähert normalverteilt sind. Wiederum ist hierbei eine recht gute Korrelation der statistischen Fehlerschranke mit den ermittelten Fehlerwerten festzustellen.

Es soll hier noch einmal angemerkt werden, daß diese Abschätzung alle Systemkomponenten berücksichtigt, einschließlich des Optimierungsalgorithmus. Diese Fehlerabschätzung ist mittels herkömmlicher deterministischer Verfahrensweisen nicht möglich, da diese bei dem hier gewählten Beispiel die

Abschätzung einer endlichen oberen Schranke für den Fehler nicht erlauben. Die Bestimmung einer sinnvollen Fehlerschranke des Systems ist daher nur mittels des hier entwickelten statistischen Verfahrens möglich.

6 Zusammenfassung und Ausblick

In der vorliegenden Arbeit wurde das Fehlerverhalten von Robotersystemen untersucht. Es wurde gezeigt, daß die Fehlerübertragungsfunktion ein wichtiges methodisches Hilfsmittel zur Analyse der Fehlerübertragung in Systemen ist.

Die Fehlerübertragungsfunktion erlaubt im allgemeinen die mathematische Beschreibung des Einflusses aller Fehlerquellen in einem System. Ferner erlaubt sie die Beschreibung des resultierenden Fehlers aller Systemgrößen als Funktion dieser Fehlerquellen. Die Fehlerübertragungsfunktion ermöglicht die Darstellung des gesamten fehlerbehafteten Systems in der gewohnten Übertragungsblockstruktur der klassischen Systemtheorie. Die Fehleruntersuchung kann in dieser Darstellung mit den bekannten systemtheoretischen Verfahren erfolgen.

Im Unterschied zu der in der Systemtheorie üblichen Fragestellung nach dem exakten zeitlichen Verlauf einer Systemgröße ist die Zielsetzung bei Fehleruntersuchungen die Bestimmung oder Abschätzung einer geeigneten oberen Betragsschranke der untersuchten Fehlergröße.

Durch geeignete Abschätzungsverfahren kann oftmals eine Linearisierung der Fehlerübertragung der Blöcke erfolgen und die Systemfehlerschranke läßt sich dann mit den Methoden der linearen Algebra bestimmen. Ferner erlaubt die Darstellung in Fehlerübertragungsblockform auf einfache Weise die Aussagen über die Fehlerstabilität, d.h. die Angabe, ob ein beschränkter Eingangsfehler auch zu einem begrenzten Systemfehler führt (bounded input - bounded output stabil = BIBO stabil).

Die Untersuchungen im Rahmen dieser Arbeit zeigen, daß die herkömmlichen deterministischen Verfahren zur Betragsabschätzung einzelner Systemgrößen in der Regel entweder zu unrealistisch großen Betragsschranken führen oder überhaupt keine mathematisch sinnvollen Aussagen zulassen. Damit sind diese für die Bestimmung von Fehlerschranken nicht geeignet, wenn das System in Form von "Fehlerübertragungsblöcken" dargestellt wird. Eine Ausnahme ist die numerische Fehlerschrankenbestimmung mittels Simulation, welche jedoch stark strukturgebunden und von geringer allgemeingültiger Aussagekraft ist.

Die Untersuchungen dieser Arbeit haben gezeigt, daß in den betrachteten Systemen die Bestimmung von Betragsschranken in einem geeigneten transformierten Bereich (Laplace-Transformation) oftmals bessere Betragsabschätzungen erlaubt als die direkte Betragsabschätzung im Zeitbereich.

Die Abschätzung realistischer Fehlerschranken in Systemen, welche mittels Fehlerübertragungsblöcken beschrieben werden, ist jedoch von besonderer praktischer Bedeutung. Diese Darstellung führt in der Regel zu geschlossenen, rückgekoppelten Fehlerkreisen, in denen stationäre Lösungen zu bestimmen sind.

Geschlossene Systemkreise sind prinzipiell schwingungsfähig. Eine unrealistische Fehlerschranke einzelner Systemkomponenten oder Teilsysteme kann daher bei der Berechnung auf instabiles Fehlerverhalten schließen lassen, auch wenn der tatsächliche Systemfehler stabil und begrenzt ist.

Zur Verbesserung der Betragsschrankenabschätzung wurden Ansätze der statistischen Betragsabschätzung aufgegriffen und derart erweitert, daß sich auch deterministische Systemprozesse durch statistische Kenngrößen beschreiben lassen. Es wurde gezeigt, daß sich mathematische Bedingungen für die exakte Gültigkeit der resultierenden statistischen Betrags- und Fehlerschranken ableiten lassen.

Bei den untersuchten Beispielen zeigt sich deutlich, daß die statistische Lösung den vorab untersuchten deterministischen Lösungsverfahren bezüglich der (realistischen) Qualität der Betragsschrankenabschätzung deutlich überlegen ist. Das ist besonders dann der Fall, wenn die Korrelationseigenschaften der Teilsysteme und der Fehlerprozesse untereinander berücksichtigt werden. Es ist eine besondere Eigenschaft der statistischen Betragsschrankenabschätzung, wichtige statistische Kenngrößen der Ausgangsgrößen, Mittelwerte und Varianzen, direkt abschätzen zu können. Anhand dieser speziellen Eigenschaft kann der Vorteil des hier entwickelten statistischen Verfahrens gegenüber den herkömmlichen Verfahren mathematisch bewiesen werden.

Die statistischen Kennwerte dieser Ausgangsgrößen können direkt zur Betragsschrankenberechnung benutzt werden. Daher wird bei dem hier entwickelten Verfahren das Fehlerübertragungsblockschaltbild zur Berechnung der statistischen Kenngrößen der zu untersuchenden Systemgröße benutzt. Die Fehlerschranke wird dann direkt aus den derart ermittelten statistischen Kenngrößen bestimmt. Mit diesem Verfahren läßt sich nochmals eine Verbesserung der Fehlerabschätzung erzielen.

Es wurde ferner gezeigt, daß man eine statistische Norm definieren kann, welche sich besonders zur Abschätzung von vektoriellen oder matrixförmigen Größen eignet. Außer zu der im Rahmen dieser Arbeit untersuchten Fehlerabschätzung eignet sich diese Norm auch für Stabilitätsuntersuchungen von Systemen und Algorithmen.

Abschließend wurde das hier entwickelte statistische Verfahren zur Betragsabschätzung des Fehlerverhaltens eines kameragesteuerten Roboters benutzt. Zunächst wurde das Fehlerübertragungsmodell des Roboters hergeleitet. Es konnte dann ein analytischer Ausdruck für den Positionsfehler des Roboters bestimmt werden. Dieser Fehler ist eine Funktion aller berücksichtigten Fehlerquellen. Anhand dieser Fehlerfunktion lassen sich dann optimale Bahnpunkte für die optische Nacherfassung und eine erneute Berechnung der Zielposition derart bestimmen, daß bei vorgegebenen Systemfehlern eine irrtümliche Berührung des Werkstückes oder anderer Objekte und Hindernisse ausgeschlossen werden kann. Zudem wird sichergestellt, daß ein maximaler vorgegebener Positionierungsfehler beim Anfahren der Endposition nicht überschritten wird.

Die Untersuchungen dieser Arbeit haben gezeigt, daß die statistische Beschreibung und Behandlung deterministischer Größen eine vereinfachte Behandlung komplexer multidimensionaler nichtlinearer Problemstellungen ermöglicht. Die resultierenden Gleichungssysteme, die man bei der Anwendung des statistischen Verfahrens erhält, sind lineare Gleichungssysteme. Diese erlauben eine einfache Beschreibung der Einflüsse, die einzelne Fehlerquellen auf das gesamte Systemverhalten ausüben.

Das hier entwickelte Verfahren eignet sich nicht nur zur besseren Dimensionierung von Systemkomponenten in Robotersystemen, sondern auch zur optimalen Steuerung von Robotern. Dies ist insbesondere dann der Fall, wenn die Steuerung mit leistungsbegrenzten Leitrechnern und Mikroprozessoren im Echtzeitbetrieb implementiert werden muß.

Liste der verwendeten Symbole und Abkürzungen

Vektoren und Matrizen:

v,V	allgemeine Variable
V	Vektor, vektorwertiger Skalar
M	Matrix
1	Einheitsmatrix

Betragswerte und Normen:

$\mid v \mid$	Absolutwert der Variablen (Funktion) v
$\mid V \mid$	Norm des Vektors V
$\underline{v}$	Extremwert der Variablen (Funktion) v, bei Vektoren und Matrizen wird der Operator auf jedes Element bezogen
$\underline{\mid v \mid}$	maximaler Betragswert der Variablen (Funktion) v, bei Vektoren und Matrizen wird der Operator auf jedes Element bezogen

Systemdarstellung:

S	System
S_i	i-tes Teilsystem
X(i)	Systemzustandsvektor (Teilsystem)
Y(i)	Systemzustandsvektor (Gesamtsystem)
S(i)	Steuersignalvektor
$\ddot{U}$(i)	Systemübergangsmatrix
E_{in}(i)	Einflußmatrix

Systemzustandsübergangsgleichungen:

$$X(i+1) = \ddot{U}(i) \cdot X(i) + E(i) \cdot S(i)$$
$$Y(i+1) = \ddot{U}(i) \cdot Y(i) + E_{in}(i) \cdot S(i)$$
$$Y(i) = V \cdot X(i)$$

Zielfunktion:

zf Zielfunktion (skalar)

Q Wichtungsmatrix der Zustandsabweichung

P Wichtungsmatrix der Einflußgrößen

λ,γ Lagrangescher Multiplikator (Skalar)

$\boldsymbol{\lambda},\boldsymbol{\gamma}$ Lagrangescher Multiplikator (Vektor)

Abweichungen und Veränderungen:

Δv geplante Veränderung der Variablen (Funktion) v

δv Fehlerhafte Abweichung der Variablen (Funktion) v

Sonstige Funktionen:

round(v) zur nächsten ganzen Zahl gerundeter Wert der Variablen (Funktion) v, bei Vektoren und Matrizen wird der Operator auf jedes Element angewendet

sup{M} größtes Element der Menge M

inf{M} kleinstes Element der Menge M

Literaturverzeichnis

[AMEL88] Ameling W., Holling G.H., Jensch P.
Vergleichende Untersuchungen zur Wertebereichsbestimmung durch Simulation und statistische Verfahren
Proceedings ASIM Conference, Aachen, September 1988

[ALBR77] Albrecht R., Kulisch U.
Grundlagen der Computer Arithmetik
Computing Archiv für Informatik und Numerik, Springer Verlag, Wien-New York, Vol. 18, FASC1, 1977

[ATHA74] Athans M., Mason M. et al.
Systems, Networks, Computation
Mc. Graw Hill, New York-San Francisco-London, 197

[BASL85] Baslow J. L., Bariess E.H.
On Round-off Error Distributions in Floating Point and Logarithmic Arithmetic
Computing Archiv für Informatik und Numerik, Springer Verlag, Wien-New York, Vol. 34, 1985, pp. 325-347

[BEDE86] Bedewi Nahib E.
The Fundamentals of Robot Kinematic
Robotics Engineering, July 1986

[BRAD82] Brady M.
Robot Motion: Planning and Control
MIT Press, Cambridge Ma., 1982

[BRON87] Bronstein I. N., Semendjajew K. A.
Taschenbuch der Mathematik
herausgegeben von Grosche G., Ziegler V., Ziegler D., Verlag Harri Deutsch, Thun-Frankfurt, 23. Auflage, 1987

[CORN84] Cornelius H., Lohner R.
Computing the Range of Values of Real Functions with Accuracy Higher than Second Order
Computing Archiv für Informatik und Numerik, Springer Verlag, Wien-New York, Vol. 33, 1984, pp. 331-347

[EVEL67] Eveleigh Virgil W.
Adaptive Control and Optimization Techniques
Mc. Graw Hill Book Company, New York-St.Louis-San Francisco-Toronto-London-Sidney, 1967

[FADA64] Fadajew D.K.
Numerische Methoden der Linearen Algebra
R. Oldenbourg Verlag, München-Wien, 1964

[GOLU89] Golub Gene, Van Loan Charles F.
Matrix Computations
John Hopkins University Press, Baltimore-London, 1989

[GOOD85] Goodman R. H., Feldstein A., Bustoz J.
Relative Error in Floating Point Multiplication
Computing Archiv für Informatik und Numerik, Springer Verlag, Wien-New York, Vol. 35, 1985, pp. 127-139

[HENR68] Henrici Peter
Error Propagation for Difference Methods
John Wiley and Sons Inc., New York-London, 1968

[HOLL85] Holling George H.
Adaptive Digital Current Loop Systems
Proceedings 7th International MOTOR-CON '85, Hannover, West Germany, April 22-24, 1985, pp. 293-306

[HOUS64] Householder Alston S.
The Theory of Matrices in Numerical Analysis
Blaisdell Publ. Comp., New York, 1964

[IANN83] Iannou P.A., Kokotovic P.V.
Adaptive Systems with Reduced Order Models
Springer Verlag, Berlin-Heidelberg-New York, 1983

[ISAA66] Isaacson E., Keller H.B.
Analysis of Numerical Methods
John Wiley and Sons Inc., New York-London-Sidney, 1966

[KAIS86] Kaiserwerth M.
Verbesserung der Rundung bei der rationalen Arithmetik durch die Einführung von Nebenbrüchen
Computing Archiv für Informatik und Numerik, Springer Verlag, Wien-New York, Vol. 36, 1986, pp. 199-204

[KALA83] Kalaba Robert, Springarn Karl
Control, Identification and Input Optimization
Plenum Press, New York-London, 1983

[KEND69] Kendall Maurice G., Stewart Allan
The Advanced Theory of Statistics
Hafner Publishing Company, New York, 1969

[KOND86] Kondo R., Furuta K.
On the Bilinear Transformation of Ricatti Equations
IEEE Transactions on Automatic Control, Vol. AC-31, No. 1, January 1986

[KRAW75] Krawczyk Rudolf
Fehlerabschätzung bei Linearer Optimierung
Interval Mathematics, Proceedings of the International Symposium, Karlsruhe, West Germany, May 20-24, 1975, pp. 215-222
edited by Karl Nickel, Springer Verlag, New York, 1975

[KRIN84] Krings Lothar
Minimierung der Ausführungszeit für eine Klasse von Prozeßgraphen in einem Multiprozessorsystem mit Zugriffskonflikten am gemeinsamen Bus
Dissertation, RWTH Aachen, 1984

[KULI76] Kulisch U., Bohlender G.
Formalization and Implementation of Floating Point Matrix Operations
Computing Archiv für Informatik und Numerik, Springer Verlag, Wien-New York, Vol. 16, 1976, pp. 239-261

[KULI81] Kulisch Ulrich, Miranker Willard L.
Computer Arithmetic in Theory and Practice
Academic Press Inc., New York, 1981

[KUO70] Kuo B.C.
Discrete Data Control Systems
Prentice Hall Inc., Englewood Cliffs, New York, 1970

[LAPI65] Lapierre A. B., Fortet R.
Theory of Random Functions
Gordon and Breach Publishers, New York-London-Paris, 1965

[MAHM84] Mahmoud M.S., Singh M.G.
Discrete Systems Analysis, Control and Optimization
Springer Verlag, Berlin-Heidelberg-New York, 1984

[MASC85] Mascagni M., Miranker W.L.
Arithmetically Improved Algorithmic Performance
Computing Archiv für Informatik und Numerik, Springer Verlag, Wien-New York, Vol. 35, 1985, pp. 153-175

[MEYR79] Meyr H.
Regelungstechnik 1
Lehrstuhl für Elektrische Regelungstechnik der RWTH Aachen, Aachen, West Germany, 1979

[MOOR66] Moore R. E.
Interval Analysis
Prentice Hall Inc.,Englewood Cliffs, New Jersey, 1966

[MORO83] Moroney Paul
Issues in the Implementation of Digital Feedback Compensators
MIT Press, Massachusetts Institute of Technology, Massachusetts, 1983

[MUEL86] Mueller H.-W., Grybowski R.
Ein Verfahren als Hilfsmittel zur Modellreduktion
Automatisierungstechnik, 34. Jahrgang, Heft 7/86

[MUEL86] Mueller H.G., Grybowski R.
Ein Verfahren als Hilfsmittel zur Modellreduktion
Automatisierungstechnik, 34. Jahrgang, Heft 7/86

[NICK75] Nickel K.
Verbundtheoretische Grundlagen der Intervallarithmetik
Interval Mathematics, Proceedings of the International Symposium, Karlsruhe, West Germany, May 20-24, 1975, pp. 251-262
edited by Karl Nickel, Springer Verlag, New York, 1975

[NICK77] Nickel K.
Die Überschätzung des Wertebereiches einer Funktion in der Intervallrechnung mit Anwendung auf lineare Gleichungssysteme
Computing Archiv für Informatik und Numerik, Springer Verlag, Wien-New York, Vol. 18, 1977, pp. 15-36

[PARK86] Parkin Robert E., PhD.
Geometry of the Robotic Workplace and the Homogeneous Representation
Robotics Engineering, January 1986

[RÜEN76] Rüenaufer Peter
Untersuchungen zur Ermittlung von Möglichkeiten und Grenzen der Einbeziehung des elektronischen Fernsehens in die Analyse des Straßenverkehrsablaufs
Dissertation, RWTH Aachen, 1976

[RÜTT73] Rütters Peter
Ein Beitrag zur Ermittlung von Fehlerschranken für digitale Integrieranlagen
Dissertation, RWTH Aachen, 1973

[SALA86] Salam F. M., Choong S.Y.
On the Computational Aspect of the Matrix Exponentials and Their Use in Robot Kinematics
IEEE Transaction on Automatic Control, Vol. AC-31, No. 4, Literatur-4 April 1986, pp. 376-378

[SCHÜ73] Schüßler H. W.
Digitale Systeme zur Signalverarbeitung
Springer Verlag, Berlin-Heidelberg-New York, 1973

[SENE84] Seneta E.
On the Limiting Set of Nonnegative Matrix Products
Statistics and Probability Letters, Elsevier Science Publishers B.V., North Holland, May 1984, pp. 159-163

[SERF80] Serfling Robert J.
Approximation Theorems of Mathematical Statistics
John Wiley and Sons, New York-Toronto-Singapore, 1980

[SHAN82] Shanno D. F., Masten R. E.
Conjugate Gradient Methods for Linearly Constrained Non-Linear Programming Algorithms for Constrained Minimization of Smooth Non-Linear Functions
Mathematical Programming Study #16, North Holland Publishing Company, Amsterdam-New York, 1982

[SHOU84] Shoup Terry E.
Applied Numerical Methods for Microcomputers
Prentice Hall Inc.,Englewood Cliffs, New Jersey, 1984

[SLOD63] Slodovnikov V. V.
Einführung in die statistische Dynamik linearer Regelsysteme
R. Oldenbourg Verlag, München-Wien, 1963

[SLOD65] Slodovnikov V. V.
Statistical Dynamics of Linear Automatic Control Systems
Van Nostrand, London-Princeton, 1965

[SPRI79] Springer M. D.
The Algebra of Random Variables
John Wiley and Sons, New York, 1979

[THIE86] Thieler P.
Technical Calculations by Means of Interval Mathematics
International Symposium on Interval Mathematics, Proceedings of the International Symposium, Freiburg, West Germany, Sept 23-26, 1985, pp. 197-208 edited by Karl Nickel, Springer Verlag, New York, 1986

[TOLL71] Tolle Henning
Optimierungsverfahren
Springer Verlag, Berlin-Heidelberg-New York, 1971

[TSYP71] Tsypkin Ya. Z.
Adaption and Learning in Automatic Systems
Academic Press, New York-London, 1971

[WERN70] Werner H.
Praktische Mathematik
Springer Verlag, Berlin-Heidelberg-New York, 1970

[WEST84] West G.
Eine schnelle Mellin-Transformation
Computing Archiv für Informatik und Numerik, Springer Verlag, Wien-New York, Vol. 33, 1984, pp. 237-245

[WU85] Wu Chi-Haur, Chung C. Lee
Estimation of the Accuracy of a Robot Manipulator
IEEE Transactions on Automatic Control, Vol. AC-30, No. 3, March 1985, pp. 304-307

[ZHEN84] Zhen H.
Error Analysis of Robot Manipulators and Error Transmission Functions
Proceedings 15th International ISIR Conference, 1984